高等学校教材

大学化学实验
第二版

王清华　王本根　王春华　主编

化学工业出版社

·北京·

内容简介

本书包括化学实验基本知识、实验项目和附录三部分内容。其中实验内容分为基本实验、应用综合实验和上机模拟实验。在基本实验中，编入了突出实验基本原理、基本知识和基本操作训练方面的一系列实验。在应用综合实验中，编入了与电子、计算机、机电等专业相关的应用综合设计方面的实验，以培养学生综合运用所学的理论知识和实验技能，从相关专业问题中提炼化学问题的能力。在上机模拟实验中，使学生在教师的引导下，发挥其主观能动性，在网上模拟实验室学习，完成查阅资料、设计方案、进行实验、分析数据、得出结论、撰写实验报告等一系列训练活动，完成某些在实验室不能完成的基本训练，突出特色。

本书可作为非化学化工专业理工科大学本科生的教材，也可供相关人员参考。

图书在版编目（CIP）数据

大学化学实验 / 王清华，王本根，王春华主编 . —2 版 .
北京：化学工业出版社，2014.8（2025.2重印）
高等学校教材
ISBN 978-7-122-21099-9

Ⅰ. 大…　Ⅱ.①王…②王…③王…　Ⅲ. 化学实验-高
等学校-教材　Ⅳ.O6-3

中国版本图书馆 CIP 数据核字（2014）第 141684 号

责任编辑：宋林青　　　　　　　　　　文字编辑：褚红喜
责任校对：王素芹　　　　　　　　　　装帧设计：史利平

出版发行：化学工业出版社（北京市东城区青年湖南街 13 号　邮政编码 100011）
印　　装：北京科印技术咨询服务有限公司数码印刷分部
787mm×1092mm　1/16　印张 10¼　字数 248 千字　2025 年 2 月北京第 2 版第 10 次印刷

购书咨询：010-64518888　　　　　　　售后服务：010-64518899
网　　址：http://www.cip.com.cn
凡购买本书，如有缺损质量问题，本社销售中心负责调换。

定　价：29.80 元

前 言

《大学化学实验》简洁实用、军校教学特色明显，自2010年首次出版来，得到了许多高校、特别是军事院校同行的关注，取得了良好的教学效果。

我们编写的《大学化学》、《化学》和《大学化学实验》是国防科学技术大学大学化学教学的必选系列教材。我们一直在努力将大学化学实验教材建设成军校教学的特色教材，重视教学改革的需求、教学对象的创新能力和兴趣的培养，紧跟实验教学改革的步伐，以"强调学员的创新能力培养、强调学科交叉和紧密联系生活"为宗旨，推出第二版教材。

在本版教材中，我们保持了原实验教材的框架结构和特色，由化学实验基本知识、基本实验、应用综合实验、上机模拟实验和附录五个模块组成。在化学实验基本知识模块，与新增实验教学内容相适应，在化学实验常用仪器中增加了相应的实验教学仪器。在基本实验模块，仍保持和突出实验基本原理、基本知识和基本操作训练方面的一系列实验内容和训练，增加了有机化学化合成实验"对乙酰氨基酚的制备"。在应用综合实验模块中，新增加了"三氯化六氨合钴（Ⅲ）的制备、组成及分裂能的测定"以及"异形肥皂的制备"两个实验，在实验设计中突出实验的综合性与创新性，在应用综合设计实验中体现现代测试分析技术与趣味性。上机模拟实验模块保持不变。

本教材第二版的修订工作由王清华副教授、王本根教授和王春华副教授完成并任主编。李效东教授、楚增勇教授、王建方教授、李义和副教授、李公义讲师、王璟讲师、陶呈安讲师对该教材提出了宝贵的修改意见。

由于我们的水平有限，难免有疏漏和不当之处，敬请读者批评指正。

编 者
2014 年 7 月

第一版前言

根据大学化学教学内容与课程体系改革的精神，借鉴国内其他院校化学实验教学体系和内容改革的经验，结合我校历年来的实验教学实践以及我校的特点，我们编写了本教材。本教材可与我校主编的《大学化学》教材配套使用，但不完全依附于理论教学，具有相对的独立性。

我们这里所说的"大学化学"即为传统意义上的"大学普通化学"。"大学化学实验"则为传统意义上的"大学普通化学实验"。"大学化学"是非化学化工专业理工科大学本科生必修的一门基础课，其课内的大学化学实验是大学化学课程的重要组成部分，是巩固、扩大和加深学生所学大学化学的基本理论和基本知识、培养学生动手操作、观察记录、分析归纳、撰写报告等多方面能力的重要环节。

在编写教材中，我们力求做到在体系、内容上改革、推陈出新，尽可能体现化学教学改革的精神，努力处理好传统与创新、基础与前沿、载体与内容、基础能力与综合素质的关系。

本教材实验内容分为3个部分，即基本实验、应用综合实验和上机模拟实验。在基本实验中，编入了突出基本原理、基本知识和基本操作训练方面的一系列实验。在应用综合实验中，编入了与电子、计算机、机电等专业相关的应用综合设计方面的内容，培养学生综合运用其所学的理论知识和实验技能，从相关专业问题中提炼化学问题的能力。在上机模拟实验中，使学生在教师的引导下，发挥其主观能动性，在网上模拟实验室学习，完成查阅资料、设计方案、进行实验、分析数据、得出结论、撰写实验报告等一系列训练活动，完成某些在实验室不能完成的基本训练，突出特色。

本教材由王本根教授和王清华讲师主编，王春华副教授、满亚辉副教授、王建方副教授、赖媛媛、高树曦、刘斐月和刘小清参与编写。

本教材在编写过程中，参阅了国内外有关书刊和兄弟院校的教材，参考了某些内容，对此特致谢意。

在编写军事环境和化学毒剂的防护和侦检实验内容过程中，得到了董中朝教授、董俊军副教授、张进教授、任丽君副教授、刘敏教授等专家的大力支持和帮助。

李效东教授、王春华副教授、李义和副教授对该教材进行了认真的审阅，提出了宝贵的修改意见。

由于我们的水平有限，难免有疏漏之处，敬请读者批评指正。

编　者

2010 年 5 月

目　录

绪　　论

一、大学化学实验课程的目的

化学是一门实践性很强的学科，化学教学包括理论教学和实验教学两大部分。要掌握好化学基本理论和方法，培养实验动手能力，化学实验是一个必不可少的重要环节。通过大学化学实验教学，应达到以下目的。

（1）学生进一步学习、巩固大学化学课程的基本理论和基本知识。

（2）培养学生的基本化学实验技能，准确、细致、整洁等良好的科学习惯；培养学生的实验动手能力及独立思考、分析与解决问题的能力；培养学生实事求是的科学精神和从事科学研究的能力。

（3）经过实验预习报告、实验方案、实验报告的写作训练，培养学生收集、分析处理化学信息的能力，文字写作和表达能力。

二、大学化学实验课程的学习方法

大学化学实验的教学效果与学生的学习态度和方法密切相关。大学化学实验课程的教学主要包括以下四个环节。

1. 预习

预习是化学实验必须完成的准备工作，是做好实验的前提。根据实验教学大纲，通过预习，要了解实验目的、实验内容和步骤、实验中需用的基本技能与仪器设备。对于实验中可能遇到的问题及疑难点，应查阅有关资料，确定正确的实验方案，以使实验顺利进行。但是，预习这一环节往往没有引起学生的足够重视，一些学生预习不认真，一些学生甚至没有预习就进实验室，严重影响实验教学效果。预习一般应达到下列要求。

（1）阅读实验教材及相关资料，明确实验目的、实验原理和实验内容。

（2）明确实验基本步骤，根据实验内容，阅读实验中有关的实验操作技术、实验仪器使用说明及注意事项等内容。

（3）撰写实验预习报告。

（4）预习报告应写在专用的实验预习报告本上，实验课前任课教师要检查学生的预习报告。对于没有预习报告或预习不合要求者，任课教师有权不让该学生参加本次实验。

2. 教师讲授

实验课前，任课教师简要地讲授实验目的、实验原理、实验方法、实验重点、实验难点及实验仪器使用与实验注意事项。

3. 实验

实验时每个学生必须准备一个实验记录本并编上页码。在教师的指导下，按照要求，学生独立地进行实验。

（1）实验过程中保持肃静，严格遵守实验室安全和操作规则，保持实验台面及室内环境的整洁。

（2）按照教材实验内容，认真进行实验，及时、认真记录实验数据。数据记录应真实、规范、整洁。

（3）在实验中遇到疑难问题或出现反常现象时，应认真分析，思考其原因，提倡学生与指导教师、学生与学生讨论问题，必要时，可在教师的指导下，重做或补做某些实验。

（4）实验结束后，将实验记录本交任课教师审阅并保存实验记录。

4. 实验报告

实验报告是实验的总结，反映学生实验的水平及归纳、总结能力，是一个把感性认识提高到理性认识的重要环节，也是培养学生分析、归纳、总结、书写能力的重要环节，是实验课程重要的训练内容，必须认真完成。不同类型实验，其实验报告的写作应有不同的形式，一般实验报告包括下列内容。

（1）实验名称，日期，实验者及指导教师姓名。

（2）实验目的。

（3）实验原理。实验原理是实验的依据，要求学生在理解的基础上，简明扼要，应尽可能使用化学语言表达，不要照抄教材内容。

（4）实验内容。通过文字、简图、表格简明扼要书写。

（5）实验结果与讨论。表达实验的数据处理及实验结果。根据实验现象、数据进行整理、归纳、计算，得到实验结果或结论。并对实验结果进行分析、讨论。也可自己对此实验提出意见，对实验的某些现象进行分析讨论。

第一章 化学实验基本知识

第一节 化学实验规则

（1）实验前应认真预习，明确实验目的，了解实验的基本原理和方法。

（2）实验时要遵守操作规则，落实安全措施，保证实验安全。

（3）遵守纪律，不迟到、不早退，保持室内安静，不要大声谈笑。

（4）使用水、电、煤气、药品时都要以节约为原则，对仪器要爱护。

（5）实验过程中，随时注意保持工作环境的整洁。火柴梗、纸张、废品等只能丢入废物缸内，不能丢入水槽，以免水槽堵塞。实验完毕后洗净、收好玻璃仪器，把实验桌、公用仪器、试剂架整理好。

（6）实验中要集中注意力，认真操作，仔细观察，将实验中的一切现象和数据都如实记在报告本上，不得涂改和伪造。根据原始记录，认真处理数据，按时写出实验报告。

（7）对实验内容和安排不合理的地方提出改进的方法。对实验中的一切现象（包括反常现象）进行讨论，并大胆提出自己的看法，做到生动、活泼、主动学习。

（8）实验后由同学轮流值日，负责打扫和整理实验室。检查水、煤气、门窗是否关好，电闸是否拉掉，以保证实验室的安全。

（9）尊重教师的指导。

第二节 实验室安全

化学实验时，经常使用水、电、煤气、各种药品及仪器，如果马马虎虎，不遵守操作规则，不但实验会失败，还可能引发事故，造成财产损失和人员伤亡。在化学实验中是否一定会出现事故呢？不是！只要我们思想上重视，又遵守操作规则，事故是完全可以避免的。

一、实验室安全规则

（1）浓酸、浓碱具有强腐蚀性，使用时要小心，不要洒在皮肤和衣服上。稀释硫酸时，必须把酸注入水中，而不是把水注入酸中。

（2）有机溶剂（如乙醇、乙醚、苯、丙酮等）易燃，使用时一定要远离火焰，用后应把瓶塞塞严，放在阴凉的地方。

（3）制备具有刺激性的、恶臭的、有毒的气体（如 H_2S、Cl_2、CO、SO_2、Br_2 等），或进行能产生这些气体的实验，以及加热或蒸发盐酸、硝酸、硫酸，溶解或消化试样时，应该在通风橱内进行。

（4）氯化汞和氰化物有剧毒，不得进入口内或接触伤口。氰化物不能碰到酸（氰化物与酸作用放出氢氰酸，使人中毒）。砷酸和钡盐毒性很强，不得进入口内。

（5）用完煤气或煤气供应临时中断时，应立即关闭煤气阀门。如遇煤气泄漏，应停止实验，进行检查。

（6）实验完毕后，值日生和最后离开实验室的人员应负责检查水龙头、煤气阀门是否关闭，电闸是否断开，门窗是否关好。

二、消防

消防，应以防为主。万一不慎起火，不要惊慌，只要掌握灭火的方法，就能迅速把火扑灭。

在失火以后，应立即采取如下措施。

1. 防止火势蔓延

（1）关闭煤气阀门，停止加热。

（2）关闭电闸。

（3）把一切可燃物质（特别是有机物质，易燃、易爆物质）移到远处。

2. 灭火

物质燃烧需要空气和一定的温度，所以，通过降温或者将燃烧的物质与空气隔绝，就能达到灭火的目的。

讲到灭火，大家很自然地会想到水，它来源丰富，使用方便，水通过使燃烧区的温度降低而灭火。但有些化学实验室有其特殊的地方，例如，水能和某些化学药品（金属钠）发生剧烈反应，从而导致更大的火灾。又如某些有机溶剂（如苯、汽油）着火时，因它们与水互不相溶，又比水轻，故浮在水面上，此时水不仅不能灭火，反而使火势扩大。在这种情况下应用沙土和石棉布灭火。实验室常备的灭火器材有沙箱、灭火毯（石棉布或玻璃纤维布）、灭火器（泡沫、二氧化碳、干粉）。

泡沫灭火器的药液成分是碳酸氢钠和硫酸铝，用灭火器喷射起火处，泡沫把燃烧物包住，使燃烧物隔绝空气而灭火，此法不适用于电线失火引起的火灾。二氧化碳灭火器，内装液态二氧化碳，是化学实验室最常使用，也是最安全的一种灭火器，适用于油脂和电器的灭火，但不能用于金属灭火。干粉灭火器的主要成分是碳酸氢钠等盐类物质、适量的润滑剂和防潮剂，适用于油类、可燃气体、电器设备等不能用水扑灭的火焰。

三、实验室一般伤害的救护

（1）割伤　先挑出伤口内的异物，然后在伤口抹上红药水或紫药水后用消毒纱布包扎。也可贴上"创可贴"，能立即止血，且易愈合。

（2）烫伤　在伤口处抹烫伤油膏或万花油，不要把烫出的水泡挑破。

（3）受酸腐伤　先用大量水冲洗，再用饱和碳酸氢钠溶液或稀氨水冲洗，最后再用水冲洗。

（4）受碱腐伤　先用大量水冲洗，再用乙酸溶液（20g·L^{-1}）或硼酸溶液冲洗，最后再用水冲洗。

（5）酸和碱不小心溅入眼中　必须用大量水冲洗，持续冲洗15min，随后立即到医生处检查。

（6）吸入溴蒸气、氯气、氯化氢气体　可吸入少量酒精或乙醚混合蒸气。

每个实验室里都备有药箱和必要的药品。如果伤势较重，应立即去医院就医。

第三节　实验室常用玻璃（瓷质）仪器及基本操作技术

一、实验室常用玻璃（瓷质）仪器简介

见表1-1。

表1-1　实验室常用玻璃（瓷质）仪器

仪　器	规　格	用　途	注　意　事　项
试管　离心试管 试管架	硬质试管、软质试管、普通试管、离心试管。普通试管以（管口外径×长度）/mm表示，离心试管以其容积/mL表示。试管架有木制和铝制的等	用作少量试液的反应容器，便于操作和观察。离心试管还可用于定性分析中的沉淀分离。试管架用于存放试管	加热后不能骤冷，以防试管炸裂。盛试液不超过试管的1/3～1/2
（铜）　（木） 试管夹	竹制，金属（钢或铜）丝制	用于夹持试管	防止烧损（竹制）或锈蚀
毛刷	以大小和用途表示，如试管刷，烧杯刷等	洗刷玻璃仪器	谨防刷子顶端的铁丝撞破玻璃仪器
烧杯	以容积/mL表示	用于盛放试剂或用作反应容器	加热时应放在石棉网上
锥形瓶	以容积/mL表示	反应容器。振荡方便，常用于滴定操作	加热时应放在石棉网上

续表

仪 器	规 格	用 途	注 意 事 项
量筒	以容积/mL 表示	用于量取一定体积的液体	不能受热
容量瓶	以容积/mL 表示	用于配制准确浓度的溶液	不能受热
称量瓶	以(外径×高)/mm 表示	用于准确称取固体	
干燥器	以外径/mm 表示	用于干燥或保存试剂	不得放入过热物品
药匙	牛角、瓷制或塑料制	取固体物体	试剂专用，不得混用
滴瓶	以容积/mL 表示	用于盛放试液或溶液	滴瓶不得互换，不能长期盛放浓碱液
细口瓶　广口瓶	以容积/mL 表示	细口瓶和广口瓶分别用于盛放液体试剂和固体试剂	
表面皿	以口径/mm 表示	盖在烧杯上	不得用火加热

续表

仪　器	规　格	用　途	注　意　事　项
长颈漏斗	以口径/mm 表示	用于过滤	不得用火加热
抽滤瓶　布氏漏斗	布氏漏斗为瓷质，以容量/mL 或口径/mm 表示，抽滤瓶以容积/mL 表示	用于减压过滤	不得用火加热
分液漏斗	以容积/mL 和形状（球形、梨形）表示	用于分离互不相溶的液体，也可用作发生气体装置中的加液漏斗	不得用火加热
蒸发皿	以口径/mm 或容积/mL 表示，材质有瓷、石英、铂等	用于蒸发液体或溶液	一般忌骤冷、骤热，视试液性质选用不同材质的蒸发皿
坩埚	以容积/mL 表示，材质有瓷、石英、铁、镍、铂等	用于灼烧试剂	一般忌骤冷、骤热，视试液性质选用不同材质的坩埚
泥三角	有大小之分	支撑灼烧坩埚	
石棉网	有大小之分	支撑受热器皿	不能与水接触
三脚架	有大小，高低之分	支撑较大或较重的加热容器	

续表

仪 器	规 格	用 途	注 意 事 项
 研钵	以口径/mm 表示，材质有瓷、玻璃、玛瑙或铁等	用于研磨固体试剂	不能用火直接加热，依固体的性质选用不同材质研钵
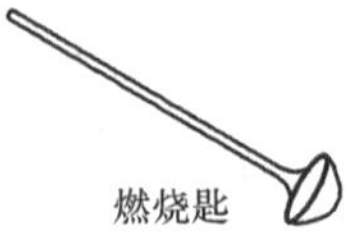 燃烧匙		用于燃烧物质	
 水浴锅	铜质或铝质，有大、中、小之分	用于水浴加热	

二、常用玻璃仪器的洗涤与干燥

1. 洗涤方法

一般玻璃器皿如烧杯、锥形瓶、量筒等，先用自来水冲洗，用毛刷蘸去污粉或洗涤剂刷洗，再用自来水冲洗干净，最后用蒸馏水润洗 2～3 次。

带刻度的容量器皿，为了保证容积的准确性，一般不宜用毛刷刷洗，应选用适当的洗液来洗。对比较脏的器皿需浸泡一段时间。如移液管的清洗，可在移液管上口接一小段橡胶管，再以洗耳球吸取洗液充满移液管后，以自由夹夹紧橡皮管，洗液就可停留在移液管内；用对碱式滴定管乳胶管有腐蚀的洗液浸泡时，则须将乳胶管取下。用废橡胶乳头将管口下方堵住，再倒入洗液。

滴定管等量器，不宜用强碱性的洗涤剂洗涤，以免玻璃受腐蚀而影响容积的准确性。洗干净的玻璃仪器，其内壁应该不挂水珠，此点对滴定管特别重要。用纯水冲洗仪器时，采用顺壁冲洗并加摇荡以及"少量多次"的办法，既能清洗得好、快，又能节约用水。

称量瓶、容量瓶、碘量瓶、干燥器等具有磨口塞、盖的器皿，在洗涤时应注意各自的配套，切勿"张冠李戴"，以免破坏磨口处的严密性。

光度分析所用的比色皿，容易被有色溶液染色，通常用盐酸-乙醇混合液浸泡（内外壁），然后再用水洗净。

2. 常用洗涤剂

（1）去污粉或合成洗涤剂

去污粉由碳酸钠、白土和细沙等混合而成。洗涤时，先将要洗的仪器用水润湿，拿润湿的毛刷蘸少量去污粉或洗涤剂，来回轻柔地刷洗，待仪器内外壁全刷洗到以后，用水冲洗到没有细微的沙粒或泡沫时止，再用蒸馏水润洗 2～3 次。去污粉或合成洗涤剂用于洗涤粘有不溶性污物、油污和有机物的无精确刻度的仪器。

（2）铬酸洗液

将 40g 研细的 $K_2Cr_2O_7$ 加入到温热的 500mL 浓硫酸中，小火加热，切勿加热到有白烟冒出。边加热边搅拌，冷却后储于细口瓶中，就得到铬酸洗液。配成的铬酸洗液常有深红色的三氧化铬晶体析出，对洗涤无碍，化学反应式为：

$$K_2Cr_2O_7 + H_2SO_4 \longrightarrow K_2SO_4 + 2CrO_3 + H_2O$$

洗涤时先将器皿用水润湿，尽量倒掉器皿内的水，以免冲稀洗液；再往器皿中加入少量洗液，然后慢慢转动器皿，让器皿内部全部被洗液润湿，转动并浸泡几分钟后将洗液倒回原细口瓶；用自来水冲净器壁上的洗液后，再用蒸馏水或去离子水润洗 3 次。这种洗液对有机物和油污的去污能力特别强，适用于精确的测量仪器或口小管细的仪器的洗涤。

这种洗液是一种酸性很强的强氧化剂，腐蚀性很强，并且铬有毒，使用时应注意安全，勿溅在衣物、皮肤上。当洗液颜色变成绿色时，由于 $K_2Cr_2O_7$ 被还原剂还原成 Cr^{3+}（绿色），无氧化作用，洗涤效能下降，应重新配制。废液用 $FeSO_4$ 还原后，用大量水稀释才能排放。

（3）还原性洗液

用以洗涤氧化性污物。常用的还原剂有 Na_2SO_3 加稀 H_2SO_4 的溶液、$FeSO_4$ 酸性溶液、$H_2C_2O_4$ 加稀 HCl 溶液、$NH_2OH \cdot HCl$ 溶液等。

洗涤是一种化学处理方法。要充分应用已有的化学知识来处理实际问题。例如，装过碘溶液的瓶子，常有碘附着在瓶壁上，可用 $1mol \cdot L^{-1}$ KI 溶液洗涤。效果非常好；对附着 MnO_2 的玻璃器皿，可用 $H_2C_2O_4$ 的酸性溶液或盐酸羟胺等还原剂洗液，效果较好。

（4）含 $KMnO_4$ 的 NaOH 水溶液

将 10g $KMnO_4$ 溶于少量水中，向该溶液中注入 100mL 10% NaOH 溶液即成。该溶液适用于洗涤油污及有机物。洗后在器皿上留下的 MnO_2 沉淀可用(3)中还原性洗液将其洗净。

（5）盐酸-乙醇(1∶2)洗涤液

适用于洗涤有机试剂染色的比色皿。比色皿应避免用毛刷和铬酸洗液，以免被磨损或染色。洗涤时，用洗涤液浸泡几分钟后用水润洗 2～3 次。

3. 玻璃器皿的干燥

常见的干燥方法有晾干、烤干、吹干、烘干、快干五种，见图 1-1～图 1-5。

图 1-1　晾干

图 1-2　烤干(仪器外壁擦干后，不断地摇动使受热均匀，用小火烤干)

图 1-3　吹干

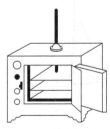

图 1-4　烘干

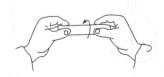

图 1-5　快干(即有机法，先用丙酮淋洗一遍，丙酮倒回原瓶，然后晾干或吹干)

三、液体体积的度量仪器及其使用方法

1. 量筒

量筒只能用来量取对体积要求不十分精确的液体。常用量筒的容量有 10mL、25mL、50mL、100mL 等，可根据需要来选用。

用量筒量取液体时，应左手持量筒，并以大拇指指示所需体积的刻度处；右手持药品

（药品标签应在手心处）。瓶口紧靠量筒边缘，慢慢注入液体（图 1-6）到所指刻度。读取刻度时，视线应与液面在同一水平面上。如果不慎倾出了过多的液体，只能把它弃去或给他人用，不得倒回原瓶。

图 1-6　量筒的用法

2. 移液管

用移液管移取液体的操作方法是把移液管的尖端部分深深地插入液体中，用洗耳球把液体慢慢吸入管中[图1-7(a)]，待溶液上升到刻度以上约 2cm 处，立即用食指（不要用大拇指）按住管口。将移液管持直并移出液面[图1-7(b)]，微微移动食指或用大拇指和中指轻轻转动移液管，使管内液体的弯月面慢慢下降到标线处（注意：视线、液面、刻度均在同一水平面上），立即压紧管口。若管尖挂有液滴，可使管尖与器壁接触使液滴落下，然后将移液管移入锥形瓶中，并使管尖与容器壁接触，放开食指，让液体自由流出[图 1-7(c)]。待管内液体不再流出时，稍停片刻（约十几秒钟），再把移液管拿开。此时遗留在管内的液滴不必吹出，因移液管的容量只计算自由流出液体的体积，刻制标线时已把留在管内的液滴考虑在内了[图 1-7(d)]。

移液管在使用前除分别用洗涤液、水及去离子水洗涤外，还需用少量要移取的液体润洗。可先慢慢地吸入少量洗涤的水或液体到移液管中，用食指按住管口，然后将移液管平持，松开食指，转动移液管，使洗涤的水或液体与管口以下的内壁充分接触。再将移液管持

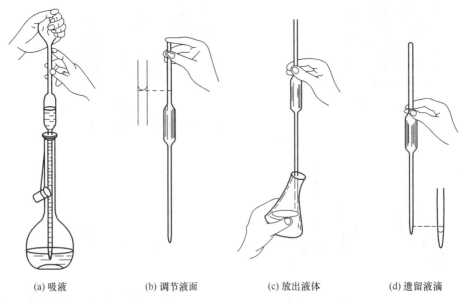

(a) 吸液　　　　(b) 调节液面　　　　(c) 放出液体　　　　(d) 遗留液滴

图 1-7　移液管的用法

直，让洗涤水或液体流出。如此反复润洗数次。此外，为了精确移取少量的不同体积（如1.00mL、2.00mL、5.00mL等）的液体，也常用标有精细刻度的吸量管，它的使用方法与移液管相仿。

3. 容量瓶

容量瓶主要是用来精确配制一定体积和一定浓度的溶液的量器。如果是用浓溶液（尤其是浓硫酸）配制稀溶液，应先在烧杯中加入一定量的去离子水，将一定体积的浓溶液，沿玻璃棒分数次慢慢地注入水中，每次加入浓溶液后，应搅拌均匀。如果是用固体溶质调制溶液，应先将固体溶质放入烧杯中用少量去离子水溶解。然后，将杯中的溶液沿玻璃棒小心地注入容量瓶中（图1-8），再从洗瓶中挤出少量水淋洗烧杯及玻璃棒2～3次，并将每次淋洗的水注入容量瓶中。最后，加水到刻度处。但需注意，当液面接近刻度时，要用滴管小心地逐滴将水加到刻度处（注意：观察时视线、液面与刻度均应在同一水平面上）。塞紧瓶塞，将容量瓶反复倒转（此时必须用手指压紧瓶塞，以免脱落），并在倒转时加以摇荡，以保证瓶内溶液浓度上下各部分均匀。瓶塞是磨口的，不能张冠李戴，一般可用线绳系在瓶颈上。

橡皮圈

图1-8　容量瓶的用法

四、温度的度量仪器及其使用方法

实验室中最常用的测量温度的仪器有水银温度计和酒精温度计，如果要测量高温，可以使用热电偶和高温计。

1. 温度计的使用

一般常用的水银温度计有最小刻度为1℃的，可测至0.1℃。刻度为1/10℃的温度计比较精密，可测至0.01℃。

测量正在加热液体的温度时，最好把温度计悬挂起来，并使水银球完全浸没在液体中，还要注意使温度计在液体内处于适中的位置，不要使水银球接触容器的底部或壁上。

温度计不能做搅拌使用，以免把水银球碰破。刚测量过高温物体的温度计，不能立即用冷水洗，以免将水银球炸裂。使用温度计时应轻拿轻放，不要甩动，以免打碎。

2. 热电偶

两种金属导体构成一个闭合线路，如果两连接点温度不同，回路里将有一个和温差有关的电势存在，称为温差电势。这样一对导体称为热电偶，因此可以用热电偶测定温差。用热电偶测量温差原理见图1-9。金属的两个接点一个置于待测温系统内，称为热端，另一个置于冰水中，称为冷端。由于冷端温度是固定不变的，故指示仪表显示的温差变化实际是热端温度的变化。

热电偶温度计具有测温稳定性好，灵敏度高，信号能自动连续采集，测温范围宽等特点。常用的几种热电偶使用范围列于表1-2中。

表1-3为EU-2热电偶热电势（mV）与温度的对应表。实验中若从实验仪表上读出的热电势在表中某两个温度对应的电势之间，则可用内插法计算出对应的温度。方法是：设待测温度为T'，相应电势为E'，比T'高的一个温度为T_1，与T_1相应的电势为E_1，比T'低的一个温度为T_2，与T_2相应的热电势为E_2，则

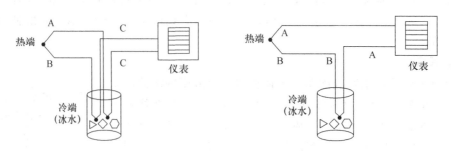

图 1-9　热电偶测量温差原理

A—金属；B—金属；C—金属

$$T' = T + \frac{T_2 - T_1}{E_2 - E_1} \times (E' - E_1)$$

表 1-2　几种常用热电偶温度计的使用范围

类　型	分度号	极性区别		测温范围 $T/℃$	备　　注
		正　极	负　极		
铜-康铜	T	红	银白	$100 \sim 200$	宜用于还原气氛中
镍铬-考铜	(EA-2)	暗灰	银白	$0 \sim 600$	宜用于还原气氛中
镍铬-镍硅	K(EU-2)	无磁性	有磁性	$400 \sim 1000$	500℃以上要求氧化性气氛
铂铑-铂	S(LB-3)	较硬	柔软	$800 \sim 1300$	宜在氧化性气氛或中性气氛中使用

注：各种热电偶都要和相应的指示仪表匹配使用，否则会给测量带来误差。有的指示仪表仅能用某种热电偶，有的可以用于各种热电偶，使用前需仔细辨认。

表 1-3　镍铬-镍硅(分度号 EU-2)热电偶热电势与温度换算表(冷端为 0℃)

$T/℃$	E/mV	$T/℃$	E/mV	$T/℃$	E/mV
0	0.00	120	4.92	240	9.75
10	0.40	130	5.33	250	10.16
20	0.80	140	5.73	260	10.57
30	1.20	150	6.13	270	10.98
40	1.61	160	6.53	280	11.39
50	2.02	170	6.93	290	11.80
60	2.43	180	7.33	300	12.21
70	2.85	190	7.73	310	12.63
80	3.26	200	8.13	320	13.04
90	3.68	210	8.54	330	13.46
100	4.10	220	8.94	340	13.88
110	4.51	230	9.34	350	14.29

续表

$T/℃$	E/mV	$T/℃$	E/mV	$T/℃$	E/mV
360	14.71	450	18.51	530	21.92
370	15.13	460	18.94	540	22.35
380	15.55	470	19.36	550	22.78
390	15.98	480	19.79	560	23.20
400	16.40	490	20.22	570	23.63
410	16.82	500	20.65	580	24.06
420	17.24	510	21.07	590	24.49
430	17.67	520	21.50	600	24.91
440	18.09				

注：引自 Robert，Weast：C. Handbook of Chem and Phys，63th ed. CRC，E-104(1982-1983).

【例】 实验中从仪器上读得一个热电势 $E' = 8.37mV$，E' 所对应的温度 T' 是多少？

解： $8.37mV$ 在 $200℃$ 和 $210℃$ 所对应的电势 $8.13mV$ 和 $8.54mV$ 之间，因此，取 $T_1 = 200℃$，$E_1 = 8.13mV$，$T_2 = 210℃$，$E_2 = 8.54mV$，则

$$T' = 200℃ + \frac{(210 - 200)℃}{(8.54 - 8.13)mV} \times (8.37 - 8.13)mV = 206℃$$

其余类推。由于热电偶的热电势与温度的关系是一个多项式。当温度变化范围不大（如小于 $10℃$）时，可近似视二者为线性关系，故上述内插法所得结果精度很好。

五、搅拌及磁力搅拌器

磁力搅拌器是快速、均匀、不间断搅拌溶液的一种装置。使用时，可将外面包覆有陶瓷、塑料或玻璃的小铁棒（搅拌子）放入溶液内，把装溶液的烧杯放到搅拌器指定的位置上，打开搅拌器的开关，搅拌器内的发动机转动，带动磁力搅拌器内的磁铁旋转，产生旋转的磁场，使溶液内的小铁棒随着转动，从而搅拌溶液。搅拌的速度可按需要来调节。有的磁力搅拌器还附有加热装置。使用时，注意勿使水或溶液洒到搅拌器上，所用烧杯底部应抹干。使用后把搅拌子洗净回收，以备再用。

六、加热方法

实验室常用的加热装置有：液化气灶、酒精灯、酒精喷灯、电炉、电热套、管式炉、马弗炉、恒温水浴锅等。

1. 酒精灯加热

酒精易燃，使用时注意安全。用漏斗添加酒精，以防洒落酒精（图 1-10），加入酒精量为 $1/3 \sim 1/2$ 壶。用火柴点燃（图 1-11），不能用另外一个燃着的酒精灯来点火。用外焰进行加热（图 1-12），酒精灯不用时，盖上盖子，使火熄灭，不可用嘴吹。盖子要盖严，以防酒精挥发。

图 1-10　添加酒精　　　　　图 1-11　点燃酒精　　　　　图 1-12　正确加热

2. 电炉加热

电炉（图 1-13）可用于容器中液体的加热，加热时在容器和电炉之间隔一层石棉网，以使加热均匀。电热套（图 1-14）与调压变压器结合起来使用，是方便又安全的加热方法。尤其是对于球形容器的加热比较方便。电热套使用时大小要合适，否则会影响加热效果。它主要在回流加热时使用，蒸馏和减压蒸馏时最好不用。因为随着蒸馏的进行，瓶内物质减少，会导致瓶壁过热现象。

图 1-13　电炉

图 1-14　电热套

3. 水浴加热

当要求加热的物质受热均匀而温度不超过 100℃时、或有挥发性的易燃的有机溶剂时，可用水浴进行加热。常用的水浴加热装置有如下两种（见图 1-15 和图 1-16），加热时先将水浴锅内注入适量体积的水，利用热水或水蒸气进行加热。用恒温水浴锅进行加热的过程中，锅内不能缺水，加热完毕后，关闭电源并放掉水槽里的水。在实验室有时也用大烧杯代替水浴锅进行水浴加热。

图 1-15　水浴加热

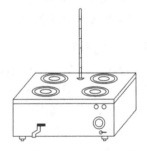
图 1-16　恒温水浴

4. 马弗炉

马弗炉（图 1-17）又叫高温炉，最高温度可达 1000℃至 1300℃。使用时，将试样放入坩埚或其他耐高温容器中，打开炉门，用长柄坩埚钳将它放入炉内，关好炉门进行加热处理。

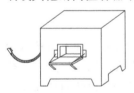
图 1-17　马弗炉

使用马弗炉时应注意以下几点。

（1）升温时，不能将温度一次调高，应分阶段逐渐升温。

（2）加热处理完毕后，应立即断电，不要马上打开炉门，以防炉膛骤冷碎裂。

（3）高温炉不用时，应将炉门关好，以免耐火材料受潮气浸湿，并将电闸拉下，切断电源。

（4）高温炉旁不能放置精密仪器和易燃物品。在高温炉房内应备有灭火器。

七、蒸发浓缩、结晶与重结晶

1. 蒸发浓缩

当溶液的浓度很小，而欲制备的盐溶解度又较大时，或为了能从中析出该物质的晶体时，就需对溶液进行蒸发浓缩。在无机制备中，蒸发浓缩一般在水浴上进行。常用的蒸发器是蒸发皿。浓缩蒸发时，皿内盛放的液体以不超过其容量的 2/3 为宜。若溶液的浓度很小，并且物质对热的稳定性又较好时，也可先在石棉网上直接加热蒸发。后转入水浴中继续加热蒸发，随着加热的进行，溶液就不断浓缩，蒸发到一定程度后冷却，就可析出晶体。

2. 结晶

晶体析出的过程叫结晶。结晶时析出晶体的大小与纯度、溶质的溶解度及结晶的条件有关。当溶液的浓度较高、溶质的溶解度较小时，溶液的饱和程度较高，结晶的晶核多，快速冷却时，得到的是细小晶体；当溶液的饱和程度低，缓慢结晶，晶核少，得到的是颗粒较大的晶体。从纯度来看，结晶速度快，晶体颗粒小，纯度较低，同时晶体太小且大小不均匀，易形成糊状物，夹带母液较多，不易洗涤，也影响纯度；溶液的浓度不高，缓慢冷却时，就能得到较大晶体，这种晶体夹带杂质少，易于洗涤，得到纯度较高的晶体，但母液中剩余的溶质较多，损失较大。因此，结晶速度适宜、颗粒适中、大小均匀时，才能得到产量较高、品质较纯净的晶体。

3. 重结晶

当第一次结晶所得的物质的纯度不符合要求时，可进行重结晶。重结晶是提纯物质的一种方法，它适用于溶解度随温度有显著变化的化合物。其方法是在加热的情况下使被纯化物质溶于适量的水中形成溶液，经蒸发进行一次再结晶。若一次重结晶还达不到要求，还可进行再次重结晶。

八、沉淀与固液分离、滤纸及滤器

1. 沉淀

在各类制备无机物的化学反应中，水溶液中进行的沉淀反应有着较为广泛的应用，对这类反应的要求是：沉淀反应进行得完全、沉淀尽量少带杂质、且易于固液分离。一般来说，沉淀可分为晶形沉淀和非晶形沉淀。晶形沉淀结构紧密，颗粒较大，吸附、包藏的杂质较少。而非晶形沉淀是由许多微小晶体颗粒不规则地聚集而成的，它结构疏松，吸附、包藏的杂质较多，特别是氢氧化物沉淀，含有大量的配位水分子，体积更为庞大，吸附能力更强，包含的杂质更多。生成沉淀的晶形主要受两个因素——成核速率（即构晶离子聚集起来生成微小晶核的速率）和晶核长大速率（即构晶离子在晶核上有规则地排列成晶格的速率）的影响。当成核速率小、晶核长大速率大，构晶离子能够整齐地排列成晶格，可得到晶形沉淀。反之，若成核速率大、晶核长大速率小，构晶离子来不及整齐地排列，就容易形成非晶形沉淀。为制备晶形沉淀，就要特别注意沉淀的条件，简单来说，可以归纳为五个字"稀、慢、搅、热、陈"。

"稀"，反应溶液和沉淀剂的浓度都要适当稀一些，这样成核速率相对就小，易生成晶形沉淀。溶液较稀时，杂质的浓度也相应小，被吸附的可能性也小些，但溶液太稀，则体积大，会影响收率，增加沉淀时间，从而降低生产效率。

"慢"和"搅"，应在充分搅拌下缓慢地加入沉淀剂，特别是在开始阶段应在不断搅拌下滴加。通常在加入沉淀剂的局部区域，由于来不及扩散，沉淀剂的浓度要比其他区域浓度高，使得该局部区域过饱和程度大，成核速率大。为了尽量减小沉淀剂局部过浓现象，限制成核速率，在操作上强调"慢"和"搅"。

"热"，应将溶液加热后进行沉淀，一般来说，沉淀的溶解度随温度升高而增大，所以在热溶液中沉淀时，溶液的过饱和度相对较小，成核速率相对于晶核长大速率也小，易于生成过滤性能好的晶形沉淀。另外，沉淀吸附杂质的量随温度升高而减少，所以在热溶液中可得到较纯净的沉淀。需要注意的是，应冷却后过滤，以免因温度高沉淀在母液中溶解得多而降低收率。

"陈"，在沉淀完全析出后，将刚生成的沉淀与母液在一定温度下放置一段时间，这一过程称为"陈化"。在陈化过程中，小颗粒沉淀溶解，大颗粒沉淀长大。通过陈化，可得到过滤性能好、杂质含量低的沉淀。

2. 固液分离

沉淀形成后，接下来的是溶液与沉淀的分离。常用的固液分离方法有三种：倾析法、过滤法和离心分离法。

（1）倾析法

当沉淀的密度较大或结晶的颗粒较大，静置后能沉降至容器底部时，可用倾析法进行沉淀的分离和洗涤。具体做法是把沉淀上部的溶液倾入另一容器内，然后往盛着沉淀的容器内加入少量洗涤液，充分搅拌后，沉降，倾去洗涤液（图1-18）。如此重复操作3遍以上，即可把沉淀洗净，使沉淀与溶液分离。

（2）过滤法

分离溶液与沉淀最常用的操作方法是过滤法。过滤时沉淀留在过滤器上，溶液通过过滤器而进入容器中，所得溶液叫做滤液，过滤方法共有3种：常压过滤、减压过滤和热过滤。

① 常压过滤　此法最为简便和常用，在常压下使用玻璃漏斗和滤纸进行过滤。过滤装置如图1-19所示。

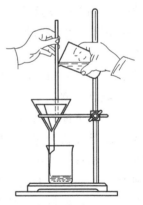

图1-18　倾析法　　　　　　　　图1-19　常压过滤装置

过滤时应注意以下几点：调整漏斗架的高度，使漏斗末端紧靠接收器内壁。先倾倒溶液，后转移沉淀，转移时应使用玻璃棒。倾倒溶液时，应使玻璃棒指向3层滤纸处。漏斗中的液面高度应低于滤纸高度的2/3。

如果沉淀需要洗涤，应待溶液转移完毕，将少量洗涤剂倒入沉淀，然后用玻璃棒充分搅动，静止放置一段时间，待沉淀下沉后，将上方清液倒入漏斗，如此重复洗涤两三次，最后把沉淀转移到滤纸上。再用洗瓶或滴管从滤纸边缘稍下的部位，按螺旋形向下冲洗，按"少量多次"的原则冲洗几次，洗至达到要求为止。

② 减压过滤　此法可加速过滤，并使沉淀抽吸得较干燥，但不宜过滤胶状沉淀和颗粒

太小的沉淀，因为胶状沉淀易穿透滤纸，颗粒太小的沉淀易在滤纸上形成一层密实的沉淀，溶液不易透过。减压过滤装置的安装如图1-20所示。

过滤时的操作方法是：先将滤纸剪成比布氏漏斗的内径略小，但又能把瓷孔全部盖没的大小，将纸平整地放置在布氏漏斗内，用少量水润湿滤纸，将滤纸安放在抽滤瓶上，安装时应注意使漏斗的斜口与吸滤瓶的支管相对。开泵，减压使滤纸与漏斗贴紧。检查有无漏气现象，再慢慢将需要过滤的溶液转移到布氏漏斗中，开始过滤。当打开水龙头的时候，水泵中急速冲出的水流将系统内的部分空气带走，使泵内形成负压，由于瓶内与布氏漏斗液面上形成压力差，因而加快了过滤速度。抽滤完毕时，先拔掉连接吸滤瓶和泵的橡皮管，再关泵，以防反吸。为了防止反吸现象，一般在吸滤瓶和泵之间装上一个安全瓶。

有些强酸性、强氧化性的溶液过滤时不能用滤纸，可用石棉纤维代替，强酸性和强氧化性的溶液还可使用砂芯漏斗，但强碱性溶液会腐蚀玻璃，不可使用玻璃砂芯漏斗。

③ 热过滤　某些物质在溶液温度降低时，易成结晶析出，为了滤除这类溶液中所含的其他难溶性杂质，通常使用热滤漏斗进行过滤（图1-21），防止溶质结晶析出。过滤时，把玻璃漏斗放在铜质的热滤漏斗内，热滤漏斗内装有热水以维持溶液的温度。

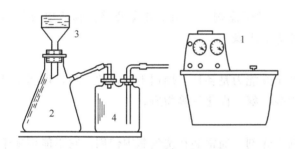

图1-20　减压过滤装置　　　　　　　　图1-21　热过滤装置
1—水泵；2—吸滤瓶；3—布氏漏斗；4—安全瓶

（3）离心分离法

当被分离的沉淀的量很少时，可把沉淀和溶液放在离心管内，放入离心机（图1-22）中进行离心分离。使用离心机时，将盛有沉淀的离心试管放入离心机的试管套内，在与之相对称的另一试管套内也放入盛有相等体积水的试管，然后缓慢启动离心机，逐渐加速。停止离心时，应让离心机自然停止。

九、样品的干燥

一般固体样品往往含有湿存水，即样品表面及孔隙中吸附了空气中的水分，在分析前要干燥驱除湿存水，这样测得的结果是恒定的。还有标定溶液的基准试剂也要进行干燥后才能使用。另外，有些实验中用到

图1-22　离心机

的气体或溶剂要进行干燥脱水。总之，在化学实验中，有关干燥技术是一项很重要的内容。

去除固体、气体或液体中的少量水分均称为干燥。不同物质干燥方法不同。实验中常用的干燥方法是加热干燥和干燥剂干燥。

1. 加热干燥

通过加热将物质中水分蒸发掉，从而达到干燥的目的。

对于受热不易分解的物质可在常压下进行。常用电热干燥箱（俗称烘箱）、红外线灯、

热空气等进行直接干燥，干燥温度 105～110℃。注意易燃、易爆、易挥发以及有腐蚀性或有毒物品禁止放入干燥箱内。

对受热易分解的物质，应在减压下进行，常用的有真空干燥箱，可在较低的温度下干燥。

2. 干燥剂干燥

主要用来干燥气体和液体中含有的游离水分。根据被干燥物质的性质选用适宜的干燥剂是十分重要的，常用干燥剂如下。

（1）无水氯化钙

无水氯化钙是一种广泛的干燥剂，吸湿量比较大，适用于一般气体、液体或固体中湿存水的干燥。

由于它能与醇、酚、胺、氨基酸、酰、低级酮、醛和酯形成化合物，因此不能用它来直接干燥这类试剂。

（2）无水硫酸镁

无水硫酸镁是较好的干燥剂之一，吸水速度比较快，吸湿性也较强。在不能用氯化钙的情况下，可使用无水硫酸镁。

（3）氢氧化钠

氢氧化钠是一种吸水速度较快的强碱性干燥剂，适用于胺类及碱性物质以及气体的干燥，不宜用于醇、酯、醛、酮、酸、酚等的干燥。

（4）五氧化二磷

五氧化二磷是一种酸性干燥剂，其干燥能力是各种干燥剂中最强的一种，可用于已被其他干燥剂干燥过的物质，不宜来干燥醇、氨、卤化氢等物质。

（5）浓硫酸

浓硫酸是一种比较好的干燥气体的干燥剂，通常装在洗气瓶中使用。它不能用来干燥乙醚、乙醇、有机碱性物质以及其他能与之反应的物质（如 H_2S、NH_3 等）。

（6）硅胶

硅胶是一种无定形的具有多孔结构的二氧化硅，为便于辨别它的吸水程度，常在硅胶中加入钴盐。此种硅胶在干燥时为蓝色，吸水后变为粉红色，常称为变色硅胶，其变色原理是硅胶中的无水钴盐为蓝色，一旦吸收水分后逐步形成带结晶水的钴盐而转变为紫红或粉红色。吸水失效后，可在 120℃下烘干后重复使用。

（7）钠石灰

钠石灰是一种用来干燥水、醇、酸的干燥剂，并能吸收二氧化碳。使用时，将钠石灰装在干燥管或干燥塔中并与反应系统连接，避免水分或二氧化碳进入。

（8）活性炭

活性炭是一种用途十分广泛的吸附剂，主要用于处理有机物。使用后失效的活性炭可进行活化，活化温度控制在 620℃，不要超过 700℃。

（9）分子筛

分子筛是一种良好的吸附剂。各种规格的分子筛，对特定物质有选择性的吸附作用，在吸附、分离方面具有广泛的用途。

可用分子筛干燥的气体有：空气、天然气、氮、氩、氧、氢、二氧化碳、乙炔、乙烯等。干燥的液体有：乙醇、乙醚、丙酮、苯、正己烷、甲乙酮、环己烷等。

用分子筛干燥脱水后的气体和液体，含水量一般小于 $10\mu g \cdot g^{-1}$。

分子筛在使用前要进行活化处理。通常，在常压下，450～550℃加热 2 h。当超过 650℃时，分子筛晶体结构会受到破坏，从而影响其性能，甚至丧失其吸附能力。若吸附物质是有机物时，可先用水蒸气将分子筛中的吸附物质取代出来，然后再按上法进行脱水活化。

3. 干燥器的使用

灼烧后的坩埚和沉淀、干燥后的试样或试剂不能放在空气中冷却。因为在空气中冷却时，又会吸收空气中的水分，故必须在干燥器中冷却。

(a) 开盖 　　　　(b) 搬移

图 1-23 　干燥器的使用

干燥器是一种具有磨口盖子的厚质玻璃器皿，磨口上涂有一薄层凡士林，使其更好地密合。底部放适当的干燥剂，其上架有洁净带孔的瓷板，以便放置坩埚和称量瓶等其他容器。

开启干燥器时，应左手按住干燥器的下部，右手握住盖的圆顶向前小心推开器盖（图 1-23）。盖子取下后倒置在安全处，切忌放在桌子的边缘，以防盖子滚落跌损。放好保干物后，及时盖上盖子，也应拿住盖上圆顶推着盖好。当放入热的坩埚时，应稍稍打开干燥器盖 1～2 次。

十、高压气体钢瓶的使用

1. 气体钢瓶的作用

在实验室还可以使用气体钢瓶直接获得各种气体。气体钢瓶是储存压缩气体、液化气体的特制耐压钢瓶。使用时，通过减压阀（气压表）有控制地放出气体。由于钢瓶的内压很大（有的高达 15.2MPa），而且有些气体易燃或有毒，所以在使用钢瓶时要注意安全，要经过必要的培训。

2. 使用钢瓶的注意事项

（1）钢瓶应存放在阴凉、干燥、远离热源（如阳光、暖气、炉火）处。可燃性气体必须与氧气钢瓶分开存放。

（2）绝不可使油或其他易燃性有机物沾在气瓶上（特别是气门嘴和减压阀）。也不得用棉、麻等物堵漏，以防燃烧引起事故。

（3）使用钢瓶内的气体时，要用减压阀（气压表）。各种气体的气压表不得混用，以防爆炸。

（4）不可将钢瓶内的气体全部用完，一定要保留 0.005MPa 以上的残留压力（减压阀表压）。可燃性气体如 C_2H_2 应剩余 0.2～0.3MPa。

（5）为了避免各种气瓶混淆而用错气体，通常在气瓶外面涂以特定的颜色以便区别，并在钢瓶上写明瓶内气体的名称。表 1-4 为我国气瓶常用的标记。

表 1-4　我国气瓶常用标记

气体类别	瓶身颜色	标字颜色	气体类别	瓶身颜色	标字颜色
氮	黑	黄	氨	黄	黑
氧	天蓝	黑	二氧化碳	黑	黄
氢	深绿	红	氯	黄绿	黄
空气	黑	白	乙炔	白	红

第四节　实验室用纯水的制备

纯水是化学实验中最常用的纯净溶剂和洗涤剂。洗涤仪器、配制溶液、洗涤产品以及分析测定等都需用大量的纯水。很多化学实验对水质要求较高，既不能直接使用自来水或其他天然水，也不应一律使用高纯水，而应根据所做实验对水质的要求合理地选用适当规格的纯水。

我国已颁布了"化学实验室用水规格和试验方法"的国家标准（GB 6682—92），该标准参照了国际标准（ISO 3696—1987）。化学实验用水的级别主要分为一级、二级和三级。电导率是纯水质量的综合指标，但在实践中人们往往习惯于用电阻率衡量水的纯度，一级、二级、三级水的电阻率应分别等于或大于 $10M\Omega \cdot cm$、$1M\Omega \cdot cm$、$0.2M\Omega \cdot cm$。

纯水的制备方法如下。

一级水：可用二级水经石英设备蒸馏或离子交换混合床处理后，再经 $0.2\mu m$ 微孔滤膜过滤来制取。一级水主要用于有严格要求的分析实验，包括对微粒有要求的实验，如高效液相色谱分析用水。

二级水：可用离子交换或多次蒸馏等方法制取。二级水主要用于无机痕量分析实验，如原子吸收光谱分析、电化学分析实验等。

三级水：可用蒸馏、去离子（离子交换及电渗析法）或反渗透等方法制取。三级水用于一般化学实验。三级水是最普遍使用的纯水，一是直接用于某些实验，二是用于制备二级水乃至一级水。

三级水的制备方法如下所述。

① 蒸馏法。将自来水或天然水在蒸馏装置中加热汽化，水蒸气冷凝即得通常所谓的"蒸馏水"。该法设备成本低、操作简单，但能耗高、产率低，只能除去水中的非挥发性杂质及微生物等，而不能除去易溶于水的气体。同时由于通常使用的蒸馏装置是用玻璃、铜和石英等材料制成的，容易腐蚀，使蒸馏水仍含有微量杂质。在 25℃ 时，其电阻率为 1×10^5 $\Omega \cdot cm$ 左右。为节约能源和减少污染，目前已较少采用这种方法。

② 离子交换法。是将自来水通过内装有阳离子交换树脂和阴离子交换树脂的离子交换柱，利用交换树脂中的活性基团与水中的杂质离子发生交换作用，以除去水中的杂质离子，实现水的净化。用此法制得的纯水通常称为"去离子水"，纯度较高，25℃时其电阻率一般在 $5 \times 10^5 \Omega \cdot cm$ 以上。此法去离子效果好，但不能除掉水中非离子型杂质，使去离子水中常含有微量的有机物。用离子交换树脂制备纯水一般有复床法、混床法和联合法等几种。

③ 电渗析法。主要是利用水中阴、阳离子在直流电作用下发生离子迁移，并借助于阳离子交换树脂只允许阳离子通过而阴离子交换树脂只允许阴离子通过的性质，从而达到净化水的目的。与离子交换法相似，电渗析法也不能除掉非离子型杂质，但电渗析器的使用周期比离子交换柱长，再生处理比离子交换柱简单。电渗析水的电阻率一般为 $10^4 \sim 10^5 \Omega \cdot cm$。

④ 反渗透法。在高于溶液渗透压的压力下，借助于只允许水分子透过的反渗透膜的选择截留作用，将溶液中的溶质与溶剂分离，从而达到纯净水的目的。反渗透膜是由具有高度有序矩阵结构的聚合纤维素组成的，孔径约为 $0.1 \sim 1nm$。反渗透技术是当今最先进、最节能、最高效的分离技术，最初用于太空的生活用水回收处理，使之可再次饮用，故所制得的

水也称"太空水"。

化学实验中所用纯水来之不易，也较难存放，要根据不同的要求选用适当级别的纯水。在保证实验要求的前提下，注意节约用水。

第五节 化学试剂

一、化学试剂规格

化学试剂根据其用途，可分为通用试剂和专用试剂两类。也可根据其纯度划分试剂的等级规格，见表1-5。实验时，应做到合理使用化学试剂，既不超规格造成浪费，又不随意降低规格而影响分析结果的准确度。

表 1-5 试剂规格和使用的范围

等级	名称	英文名称	符号	适用范围	标签标志
一级品	优级纯（保证试剂）	guarantee reagent	G. R.	纯度很高，适用于精密分析工作和科学研究工作	绿色
二级品	分析纯（分析试剂）	analytical reagent	A. R.	纯度仅次于一级品，适用于多数分析工作和科学研究工作	红色
三级品	化学纯	chemical pure	C. P.	纯度较二级差些，适用于一般分析工作	蓝色
四级品	实验试剂（医用）	laboratorial reagent	L. R.	纯度较低，适宜用作实验辅助试剂	棕色或其他颜色
	生物试剂	biological reagent	B. R. 或 C. R.		黄色或其他颜色

专用试剂规定只有一种级别，具有特殊用途。例如：超纯试剂、光谱纯试剂、色谱纯试剂。光谱纯试剂，其杂质用光谱分析方法测不出来或杂质的含量低于某一限度，是光谱分析中的标准物质；色谱纯试剂是在最高灵敏度下无杂质峰，作为色谱分析中的标准物质。但它们不等同于基准物质。基准物质相当于或高于优级纯试剂，通常用于滴定分析中的基准物质，供直接配制标准溶液，或用来标定滴定溶液的准确浓度。在特殊情况下，市售的试剂纯度不能满足要求时，实验时应自己动手精制。

二、化学试剂的取用

1. 液体试剂的取用

所有盛装试剂的瓶上都应贴有明显的标志，写明试剂的名称、规格及配制日期。千万不能在试剂瓶中装入不是标签上所写的试剂。没有标签标明名称和规格的试剂，在未查明前不能随便使用。书写标签最好用绘图墨汁，以免日久褪色。

液体试剂根据用量的多少，一般采用滴瓶、细口瓶分装。当对液体的体积不做精确要求时，在取用时一般用滴管吸取，或用试管、量筒以倾注法量取。下面分别加以介绍。

（1）滴管吸取

一般的滴管一次可取1mL左右，约20滴。从滴瓶中取用液体试剂时，应使用滴瓶中的专用滴管。先用手指紧捏滴管上部的橡皮乳头，赶走其中的空气，然后松开手指，吸入试

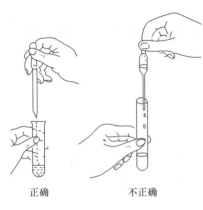

正确　　　　　不正确

图 1-24　用滴管向试管中取试剂

液，如图 1-24 所示。滴管绝不能伸入所用的接收容器中，以免污染试剂。滴管专用，用完后放回原处，切不可张冠李戴。

（2）用倾注法量取

操作方法同前述量筒的使用。当用试管代替量筒时，操作相似。

2. 固体试剂的取用

固体试剂一般用专用药勺取用。药勺的两端为大小两个匙，分别取用大量固体和少量固体。如图 1-25～图 1-27 所示，粉状的固体用药匙或纸槽加入。取用块状的固体时，应将试管倾斜，使其慢慢沿管壁滑至试管底部，以免碰破管底。

图 1-25　用药匙送入固体试剂　　图 1-26　用纸槽送入固体试剂　　图 1-27　加入块状固体

取药不宜超过指定用量，已取出的试剂不能倒回原瓶，可放在指定的容器内供他人使用。

三、试剂的保管

试剂的保管在实验室中也是一项十分重要的工作。

有的试剂因保管不好而变质失效，这不仅是一种浪费，而且还有可能使实验失败，甚至会引起事故。一般的化学试剂应保存在通风良好、干净、干燥的房子里，防止水分、灰尘和其他物质的污染。同时，根据试剂性质应有不同的保管方法。

（1）易侵蚀玻璃而影响纯度的试剂

如氢氟酸、氟化物（氟化钾、氟化钠、氟化铵）、苛性碱（氢氧化钾、氢氧化钠）等，应保存在塑料瓶或涂有石蜡的玻璃瓶中。

（2）见光会逐渐分解的试剂

如过氧化氢（双氧水）、硝酸银、焦性没食子酸、高锰酸钾、草酸、铋酸钠等，与空气接触易逐渐被氧化的试剂，如氯化亚锡、硫酸亚铁、亚硫酸钠等，以及易挥发的试剂，如溴、氨水及乙醇等，应放在棕色瓶内，置冷暗处。

（3）吸水性强的试剂

如无水碳酸盐、苛性钠、过氧化钠等应严格密封（蜡封）。

（4）相互易作用的试剂

如挥发性的酸与氨，氧化剂与还原剂，应分开存放。易燃的试剂如乙醇、乙醚、苯、丙酮与易爆炸的试剂如高氯酸、过氧化氢、硝基化合物，应分开储存在阴凉通风，不受阳光直接照射的地方。

（5）剧毒试剂

如氰化钾、氰化钠、氢氟酸、氯化汞、三氧化二砷（砒霜）等，应特别妥善保管，经一定手续取用，以免发生事故。

第六节　化学实验常用测量仪器

一、电子分析天平

1. 仪器结构

电子分析天平为较先进的称量仪器，外观如图 1-28 所示，此类天平操作简便，使用方法如下。

2. 使用方法

(1) 调整地脚螺栓高度，使水平仪内空气泡位于圆环中央。

(2) 接通电源，按下"on/off"键，待全电子操作的自动检测过程完成时，显示屏上显出 0.0000（空载），这时显示屏上若有其他显示，请勿乱按键。

(3) 若称量时要用容器盛放被称物体或者显示屏上并非显示 0.0000 时，按"去皮（TAR）"键，使显示屏再现 0.0000。

(4) 打开称量室推门，把被称物体放入秤盘上的容器内，关好推门。待显示屏上数字稳定后，即出现小数点后第四位的数字显示，该读数即为所称物体的准确质量。

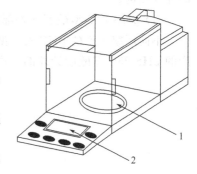

图 1-28　电子分析天平
1—天平盘；2—质量显示屏幕

3. 注意事项

(1) 天平在初次接通电源或长时间断电后，至少需要预热 30min。为取得理想的测量结果，天平应保持长时间待机状态。

(2) 首次使用天平必须校正，按"校正（CAL）"键，天平将显示所需砝码质量，放上砝码直至出现"g"，校正结束。可进行正常称量。

(3) 在天平的去皮、校正和称量的读数过程中，天平的侧门必须保持关闭。

4. 称量方法

(1) 直接法

此法用于称量物体的质量，如容量器皿校正中称量锥形瓶的质量、干燥小烧杯质量，重量分析法中称量瓷坩埚的质量。

(2) 减量法

此法用于称量一定质量范围的试样。其样品主要针对易吸潮、易氧化以及与 CO_2 反应的物质。由于此法称量试样的量为两次称量之差求得，故又称差减法。例如称取某一样品，从干燥器中取出称量瓶（注意不要让手指直接接触称量瓶及瓶盖），用小纸片夹住瓶盖，打开瓶盖，用药匙加入适量样品（约共取 5 份样品称量），盖上瓶盖，用滤纸条套在称量瓶上，轻放在已进入称量模式的秤盘上。轻按 TAR 键去皮重，然后取出称量瓶，将称量瓶倾倒斜放在容器上方，用瓶盖轻轻敲瓶口上部，使试样慢慢落入容器中。当倒出的试样已接近所需的量时，慢慢地将瓶抬起，再用瓶盖轻敲瓶口上部，使沾在瓶口的试样落下，然后盖上瓶盖，放回秤盘中。天平显示的读数即为试样质量，记录数据，轻按 TAR 键。用同样的方法称取第二份、第三份试样。操作如图1-29所示。

图 1-29　称量瓶使用示意图

二、pHS-25C 型酸度计

1. 仪器结构

酸度计是一种用电势法测定水溶液 pH 值的测量仪器。它主要是利用一对电极在不同的 pH 值溶液中，产生不同的直流毫伏电动势，将此电动势输入到电位计后，经过电子线路的一系列工作，最后在指示器上指出测量结果。

pHS-25C 型酸度计主要由电极部分和电计部分组成。现主要介绍电极部分及电计部分的外部结构。

（1）pHS-25C 型酸度计外部结构

不同厂家生产的 pHS-25C 型酸度计外部结构不完全相同。图 1-30 是上海雷磁仪器厂生产的 pHS-25C 型酸度计外部结构图。

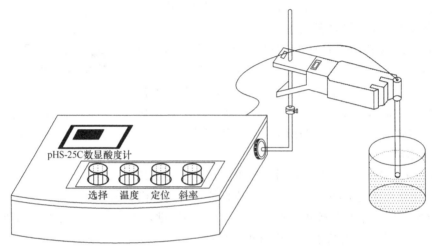

图 1-30　雷磁 pHS-25C 型酸度计外部结构图

（2）电极部分

pH 计的电极部分主要包括测量电极（也叫指示电极、玻璃电极）和参比电极。参比电极一般有甘汞电极和银-氯化银电极两种。

① 玻璃电极　玻璃电极（图 1-31）是用一种导电玻璃（含 72% SiO_2、22% Na_2O、6% CaO）吹制成极薄的空心小球，球中有 0.1mol·L^{-1} HCl 和 Ag-AgCl 电极，把它插入一个待测溶液，便组成一个电极：Ag，AgCl（固）| 0.1mol·L^{-1} HCl | 玻璃 | 待测溶液，这个导电的薄玻璃膜把两个溶液隔开，即有电势产生，小球内氢离子浓度是固定的，所以该电极的电势随待测溶液的 pH 值不同而改变。即：

$$E = E^{\ominus} + 0.0591\text{pH}$$

式中，E 为电极的电势；$E^{\ominus}$ 为电极的标准电势。

② 甘汞电极　甘汞电极（图 1-32）是常用的参比电极。甘汞电极的电极电势与被测溶液的 pH 无关。饱和甘汞电极是由汞(Hg)、甘汞(Hg_2Cl_2) 和饱和氯化钾(KCl) 溶液组成的。它的电极反应为：

$$Hg_2Cl_2(s) + 2e^- \rightleftharpoons 2Hg + 2Cl^-$$

在 298K 时的电极电势为 0.2445V。

③ 玻璃电极-甘汞电极组成的原电池的电动势与 pH 的关系　玻璃电极与甘汞电极组成

的原电池的电动势：

$$E = E_正 - E_负$$

$E_正$是甘汞电极的电极电势，$E_负$是玻璃电极和待测溶液产生的电极电势。所以

$$E = E_甘 - E_玻^\ominus - 0.0591 \text{pH}$$

不同玻璃电极的$E_玻^\ominus$是不同的，而且同一玻璃电极也随着时间而变化。为此，必须对玻璃电极先进行标定，即用一已知 pH 值的缓冲溶液先测出电动势E_s。

$$E_s = E_甘 - E_玻^\ominus - 0.0591 \text{pH}_s \tag{1-1}$$

然后测出未知溶液（其 pH 为pH_s）的电动势E_x。

$$E_x = E_甘 - E_玻^\ominus - 0.0591 \text{pH}_x \tag{1-2}$$

由式(1-2)减式(1-1)可得

$$\Delta E = E_x - E_s = 0.0591 (\text{pH}_s - \text{pH}_x) = 0.0591 \Delta \text{pH}$$

从上式可知当溶液的 pH 值改变 1 个单位时，电动势改变 0.0591V，即 59.1mV。

pH 计是根据上述原理设计的。所以在测定未知溶液 pH 值前，必须先用已知 pH 值的溶液进行标定。所以酸度计设有定位器。由于ΔE与温度T有关，所以酸度计有温度补偿器，以克服温度改变对测量带来的影响。

④ 复合电极　有的酸度计使用的是复合电极。如上海雷磁仪器厂生产的 pHS-25C 型酸度计使用的是 pH 玻璃电极和银-氯化银参比电极组成的复合电极。

复合电极的结构见图 1-33。内管 1 是一支玻璃电极，与图 1-31 完全相同。外管是银-氯化银参比电极 3，由银(Ag)、氯化银(AgCl) 和 3mol·L^{-1}氯化钾溶液组成。它的电极反应为：

$$AgCl + e^- \Longrightarrow Ag + Cl^-$$

其电极电势与被测溶液的 pH 值无关。

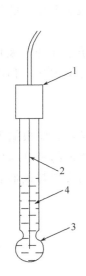

图 1-31　玻璃电极

1—绝缘套；2—Ag-AgCl

电极；3—玻璃膜；4—

0.1mol·L^{-1} HCl

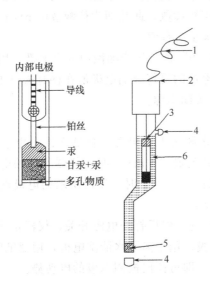

图 1-32　甘汞电极

1—导线；2—绝缘体；3—内部电极；

4—胶皮帽；5—多孔物质；

6—饱和 KCl 溶液

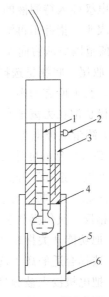

图 1-33　复合电极

1—pH 电极；2—胶皮套；

3—Ag·AgCl 参比电极；

4—参比电极底部陶瓷芯；

5—塑料保护栅；6—电极保护帽

图中 2 是参比电极上端支管的胶皮套，使用时要拔下。当参比电极中参比液（3mol·L^{-1} KCl）缺少时可从支管补充参比液。

图中 4 作用类似甘汞电极图 1-32 中的 5。

图中 5 为塑料保护栅，是保护玻璃电极的敏感玻璃泡，使它不与硬物（包括烧杯底）接触。6 是电极保护帽，帽内应放少量参比补充液（3mol·L^{-1} KCl），以保持电极球泡的湿润。使用时应将此帽取下，测量完毕，不用时应将保护帽套上。要注意帽内的参比液应将玻璃球全部淹没，帽内缺液不能淹住玻璃泡时要补加适量参比液。

复合电极与待测液组成的原电池的电动势和待测液的 pH 关系与玻璃电极-甘汞电极组成的原电池的电动势完全相同。

2. 使用方法

（1）测定溶液 pH 值

① 预热　将电源插头插于插座中，拨电源开关至指示灯亮。仪器预热 15～20min。

② 洗涤电极　干放的玻璃电极或复合电极使用前必须在去离子水（或蒸馏水）中浸泡 8h 以上。拔去甘汞电极底部和侧面的胶皮帽，若用复合电极则要取下电极下部的塑料保护帽和电极侧面的胶皮帽。检查玻璃电极下端和甘汞电极下端是否有气泡，若有应甩去下端气泡。用去离子水冲洗电极外部，用滤纸吸干。

③ 定位　调节"温度调节器"，使所指示温度与溶液温度相同。将擦干的电极插入装有已知 pH 值的标准缓冲溶液的小烧杯中，轻轻摇动小烧杯。拨"测量选择"至所测 pH 标准溶液的范围这一挡（如 pH ＝4.0 的标准缓冲溶液则调至"0～7"挡）。调节"定位"旋钮使电表指示该缓冲溶液准确的 pH 值。此时定位结束。定位后，定位钮不应再有任何变动。

④ 测量待测液的 pH 值　将电极从缓冲溶液中取出，用去离子水冲洗后再用待测液淋洗。将电极插入待测液的小烧杯中，稍稍摇动小烧杯。拨"测量选择"至相应的 pH 挡。观察电表表头，指针不再漂移时直接读数，此数即为待测液的 pH 值。读数时要注意的是所测的 pH 值范围应从右向左还是从左向右读。

⑤ 收尾　将测量选择拨至"0"挡，从待测液中取出电极，用去离子水冲洗电极并用滤纸吸干，套上所有的帽，用双电极的要将玻璃电极泡在盛有去离子水的小烧杯中（但不要将甘汞电极也泡在去离子水中），关闭电源。

（2）测量电极电势

pHS-25C 型酸度计又可用来测量电极电势。仪器在测量电极电势时，只要根据电极电势的极性置"选择"开关，当开关置"＋mV"时，仪器所示的电极电势值的极性与仪器后面板上的标志相同；当此开关置"－mV"时，仪器所示的电极电势值的极性与仪器后面板的标志相反。具体操作步骤如下：

① 把功能开关指在"mV"处，然后打开电源开关，仪器预热 5min。

② 选择合适的离子选择电极，用去离子水清洗电极，用滤纸吸干。

③ 把电极浸入被测溶液中，即可读出被测电极的电动势。

④ 测完后，冲洗电极，关掉电源。

3. 使用注意事项

（1）酸度计定位

调节酸度计定位器时切忌用力太猛。特别是定位时调节不到所需要位置时不要用力扭定位钮。此时可能有下列情况发生：pH 挡拨得不对；玻璃电极中有气泡或玻璃泡有裂缝；参比电极中无参比液，或参比液不够；没有取下应取下的胶皮帽。

（2）玻璃电极的维护

a. 保护好玻璃电极下端的玻璃球泡，切忌球泡与硬物相碰。

b. 初次使用时，应先将球泡在去离子水中浸 24h 以上；暂不使用时，也要浸在去离子水中。

c. 电极插头上的有机玻璃管具有良好的绝缘性能，切勿接触化学试剂或油污。

d. 若玻璃膜上沾有油污，应先浸在酒精中，再放入乙醚或四氯化碳中，然后再移到酒精中。最后用水冲洗干净。

e. 在测强碱性溶液时，应快速操作。测完后立刻用水洗净，以免碱液腐蚀玻璃。

f. 凡是含氟离子的酸性溶液，不能用玻璃电极测量（为什么?）。

（3）甘汞电极的维护

甘汞电极不用时要用橡皮套将下端套住，用橡皮塞将上端小孔塞住，以防饱和 KCl 溶液流失。当 KCl 溶液流失较多时，可通过电极上端小孔进行补加。

三、DDSJ-308A 电导率仪

1. 仪器结构

见图 1-34。

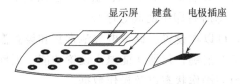

图 1-34　DDSJ-308A 电导率仪

2. 技术参数

（1）测量范围　电导率测量范围 $0\sim2\times10^5\mu S\cdot cm^{-1}$ 共分成五挡量程（五挡量程能自动切换），$0\sim1.999\mu S\cdot cm^{-1}$；$1.999\sim19.99\mu S\cdot cm^{-1}$；$19.99\sim199.9\mu S\cdot cm^{-1}$；$199.9\sim1999\mu S\cdot cm^{-1}$；$1999\sim19999\mu S\cdot cm^{-1}$。当选用常数为 0.01 的电极时，测量范围为 $0\sim200\mu S\cdot cm^{-1}$；当选用常数为 0.1 的电极时，测量范围为 $0\sim2000\mu S\cdot cm^{-1}$；当选用常数为 1.0 的电极时，测量范围为 $0\sim20000\mu S\cdot cm^{-1}$；当选用常数为 5.0 的电极时，测量范围为 $0\sim100000\mu S\cdot cm^{-1}$；当选用常数为 10.0 的电极时，测量范围为 $0\sim200000\mu S\cdot cm^{-1}$（当电导率大于 $20000\mu S\cdot cm^{-1}$ 时，一定要用电极常数为 10 的电极）。

（2）温度测量范围：$0\sim50℃$。

3. 仪器的使用方法

（1）根据表 1-6 所示的量程范围，选择合适电极常数的电导电极。

表 1-6　电极常数与电导电极的量程

电导率范围/$\mu S\cdot cm^{-1}$	电阻率范围/Ω	电极常数/cm^{-1}
0.05 ～20	$2\times10^7\sim5\times10^4$	0.01
1　～200	$1\times10^6\sim5\times10^3$	0.1
10　～10000	$1\times10^5\sim100$	1
100　～200000	$1\times10^4\sim5$	10

（2）将电导电极和温度电极分别插入各自插座，并浸入被测溶液中。

（3）插入电源，显示仪器型号后，直接进入测量状态（仪器参数为用户最新设计的参数，仪器出厂时初始值定为 $R=1.00$，$\alpha=0.02$），仪器能自动校正、自动量程转换，显示所测的电导率（折算成 25℃时的电导率值，右上角为其单位）及温度值。

（4）电极常数的设置　电导电极出厂时，每支电极都标有一定的电极常数值。用户需将此值输入仪器。

例如，电导电极的常数为 0.98，则具体操作步骤如下：

a. 在电导率测量状态下，按"电极常数"键一次，选择电极常数挡为 1.0（本仪器设计有五种电极常数挡，即：0.01、0.1、1.0、5.0 和 10.0）。

b. 按"▼"或"▲"键修改到电导电极的常数为 0.98。

c. 按确认键，仪器自动将电极常数值 0.98 存入并返回测量状态，在测量状态中即显示此电极常数值。

d. 如果选用的电极不是 1.0 挡，则需按"电极常数"键两次，按"▼"或"▲"键修改到相应挡位，再按"电极常数"键，b、c 步骤的操作相同。

（5）电导池常数 R 和温度补偿系数 α 的设置如下。

设置键：按下此键，（E）设置电极常数 R、温度补偿系数 α；（P）设置打印机以打印所储存的测量数据；（L）设置即时打印中的起始序号。

依次连续按下设置键，可以在设置、调节电导池常数和设置温度补偿系数间翻转而不改变仪器的原设定值。需按下取消键，仪器才能退出设置功能，返回测量状态。

确认键：用于设置当前的操作状态以及操作数据。

▲键、▼键：称上行键、下行键，主要用于调节参数或功能之间的翻转。

取消键：不想设置，按此键仪器将退出设置功能，返回测量状态。

四、WFZ800-D3B 型分光光度计

1. 仪器结构

见图 1-35。

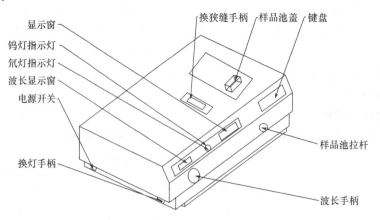

图 1-35　WFZ800-D3B 型分光光度计

2. 使用方法

（1）打开仪器电源（显示器显示 800-3），预热 10min，等仪器的显示屏显示 HELLO 则

表示仪器完成预热。

(2) 根据测量要求选择功能键，按 A/CEL 键（即选择测量吸光度的功能）。

(3) 旋转波长旋钮到所需波长，根据所用波长选择光源：钨灯工作波长 320～1000nm，氘灯工作波长 200～320nm，开启相应电源，并将光源室钨/氘灯选择杆扳至相应位置。

(4) 选择比色皿：波长 350～1000nm 选用玻璃比色皿，波长 200～350nm 选用石英比色皿，再根据溶液吸光度大小分别选用 0.5、1、2、3、5（cm）比色皿。

(5) 测定时，将待测液装入比色皿，外壁用滤纸和镜头纸擦干净放入比色皿架，再用夹子固定，然后放入试样室，盖上试样室盖。

(6) 把参比液拉入光路，按"100％T/A"等待显示器显示 A0.000，表示参比液调百分之百透光率成功；再把挡光杆拉入光路，按"Clear"键调零，显示器显示 A0000，表示仪器调零成功；再把参比液拉入光路，按"100％T/ABS"等待显示器显示 A0.000，到此仪器调零及参比液调零完成。

(7) 测量时，拉动试样选择柄，将待测液置于光路按"Enter"键，表示仪器已经测量并保存数据（数据可以进行读出、打印、删除等操作）。

(8) 在同一波长下，测定不同试样时，可重复步骤（7）即可。不同波长下测量，则要重复步骤（3）～（7）。

(9) 测试完毕后，关闭电源，将所用比色皿用蒸馏水冲洗干净，并用洁净的滤纸吸干水分，用镜头纸擦干光学面，放回比色皿盒。

(10) 仪器使用完毕后，填写好仪器使用情况登记及使用时间（从预热开机计起），然后盖好仪器罩，清理好实验台面卫生，经老师检查后方可离开实验室。

五、TD3691 型恒电位仪

1. 仪器结构

见图 1-36。

2. 使用方法

本恒定电位仪应与 TD73000 电化学直流测试系统配合使用。

(1) 打开仪器后面板上的白色开关，通电 15min 后开始设置仪器相关参数。

(2) 仪器参数设置

选择面板上的"恒电位"或者"恒电流"工作模式；转动"电压选择"和"电流选择"两个旋钮至实验所需挡位；转动"测量选择"旋钮至极化电平位置，利用极化电平框中的"粗调"和"细调"两个旋钮，调整极化电平值显示为 0。

(3) 仪器连接

将恒定电位仪上的"参比电极"、"辅助电极"、"工作电极"与外接电回路中的对应电极相连接。

(4) 仪器的启动

连接好仪器与外电路后，将 TD73000 电化学直流测试系统中的有关参数设置完整，可启动仪器的"开始"按钮，此时显示灯为"绿色"，表示仪器开始工作。

(5) TD73000 电化学直流测试系统介绍

执行安装后的 TD73000 电化学直流测试系统，启动主程序。主菜单中共六个选项，分别是：文件、设置和测试、数据作图、数字化处理、窗口、版本信息。

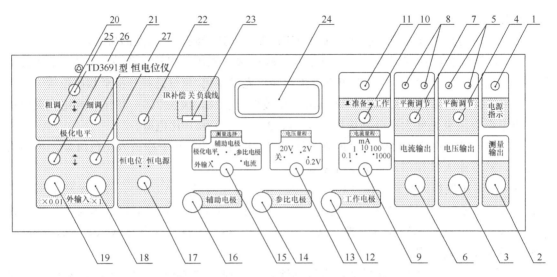

图 1-36　　TD3691 型恒电位仪前面板布局图

1—电源指示灯；2—外接电压表输出端；3—电压输出插座；4—电压输出平衡旋钮；5—电压输出平衡指示灯；6—电流输出插座；7—电流输出平衡旋钮；8—电流输出平衡指示灯；9—电流量程开关；10—工作开关；11—工作指示灯；12—工作电极；13—电压量程开关；14—参比电极；15—测量选择开关；16—辅助电极；17—工作方式开关；18—×1 输入插座；19—×0.01 输入插座；20—极化电平粗调旋钮；21—极化电平细调旋钮；22—IR 补偿及负载线控制系数旋钮；23—IR 补偿及负载线控制开关；24—表面板为 3 位数字电压表；25—极化电位设置/接地选择按键；26—0.01 挡输入/接地选择按键；27—×1 挡输入/接地选择按键

① 文件　本菜单为标准 Windows 文件操作方式，可以进行文件的一些常规操作及图形的打印输出。

② 设置和测试　本菜单有三个分项：恒电位仪设置、阶跃方式和扫描方式。用于进行各种测试实验的波形发生和响应信号采样。

恒电位仪设置

a. 控制方式　此选项有两个选择，即恒电位和恒电流，分别用于恒电位实验和恒电流实验。此选择要与恒电位仪配合使用。若此处选恒电位，则恒电位仪上的控制方式也应选择恒电位。反之，若此处选恒电流，则恒电位仪上也应选恒电流。

b. 采样电阻　指恒电位仪中电流输出端的采样电阻阻值，以欧姆为单位。恒电位仪上的采样电阻选取多大的阻值，此处选择同样的值。并且采样电阻的选取应合适，这样才能得到满意的测试结果。在做恒电位实验时，采样电阻从小调到大，待稳定后开始采样；在做恒电流实验时，采样电阻从大调到小，待稳定后开始采样。采样电阻与恒电位仪电流量程的对应关系如下：100K(0.1mA)，10K(1mA)，1K(10mA)，100(100mA)，10(1000mA)。

阶跃方式

此选项用于恒电流/电位单阶跃、双阶跃和方波等电化学测试实验。

a. 起始电位　以毫伏为单位，用于设置起始电位。电位相位以阳极为正、阴极为负。

b. 阶跃电位 1　第一阶跃的电位值（mV）。

c. 阶跃电位 2　第二阶跃的电位值（mV）。

d. 持续时间 1　第一阶跃的持续时间。以秒为单位，最小值为 0.1s，最大为 100000s。

e. 持续时间 2　第二阶跃的持续时间。以秒为单位，最小值为 0，最大为 100000s。其值为 0 时，则没有第二阶跃，亦即为单阶跃实验。而当起始电位与阶跃电位 2 相等，并且持续时间 1 与持续时间 2 相等时则为方波电位实验。

　　f. 起始电位稳定时间（0.1～10000s）　该项功能为系统从 0 电位到起始电位的稳定时间。

　　g. 单次测量/连续测量

　　h. 连续测量次数（2～15 次）

　　i. 启动测试　启动采样程序进行数据采集。

扫描方式

此实验用于各种极性的单扫描、三角波以及循环伏安实验。

　　a. 起扫电位　电位扫描的起始电位，以毫伏为单位。对于恒电流实验，则所恒定的电流为此电位值除以采样电阻值后所得的电流值。

　　b. 终扫电位　电位扫描的终止点，以毫伏为单位。恒电流时，所恒定的电流值为此电位除以采样电阻。在进行三角波扫描及循环伏安实验时，先从起扫电位扫至终扫电位，然后再回扫到起扫电位。对于循环伏安法，此过程还要重复进行下去。

　　c. 扫描速度　指电位扫描的变化速率，单位为 $mV \cdot s^{-1}$。对于恒电流实验，则电流扫描速率为此电位扫描速率除以采样电阻值。

　　d. 起始电位稳定时间（0.1s～10000s）　该项功能为系统从 0 电位到起始电位的稳定时间。

　　e. 扫描函数　单扫描、三角波、循环伏安。

　　f. 循环次数（2～25 次）

　　g. 数据采集　启动采样程序进行数据采集。

3. 注意事项

　　（1）测试时，应先用计算机启动信号源，再将恒电位仪的极化按键按下。

　　（2）数据作图　此菜单的功能是对系统采集的原始数据设置作图的相对坐标，并启动屏幕作图程序进行作图。

　　（3）数字化处理　此菜单的功能是显示图形中活动光标处的测量数据，便于观察测量结果。

　　（4）窗口　本菜单为标准 windows 窗口方式，有平铺，层叠和窗口选择等方式。

六、CS501-SP 型超级恒温器

1. 仪器结构

　　CS501-SP 型超级恒温器（S 为数显，P 为工程塑料或塑料合金），本品执行 JB/T 5377—91 恒温水槽技术条件，是生物、化学、医学、物理、植物、化工等科学研究上直接加热和辅助加热的精密恒温之用的理想实验设备。见图 1-37。

2. 使用方法

　　（1）初次使用前，应用万用表检查恒温器的电源插头。用测量电阻挡检查插头上相、中相、接地，看相互之间是否有短路或绝缘不良的现象。

　　（2）上述检查正常之后，在实验筒内加入蒸馏水，水位至实验筒内止口线止。

　　（3）外接循环时，连接图如图 1-38 所示。如不做外循环，必须用所配的连接管将进出水嘴连接起来。

　　（4）插接电源，开启电源开关，此时整台设备即处于正常状态。

　　（5）按仪表上的 SET 键，仪表上排显示 SP 提示符，按▲或▼键，使下排显示为所需的设定温度，回到标准模式，仪表的其他参数在出厂时已设定好，请勿随意更改。

　　（6）当"加热"指示灯时明时暗时，说明已经恒温。

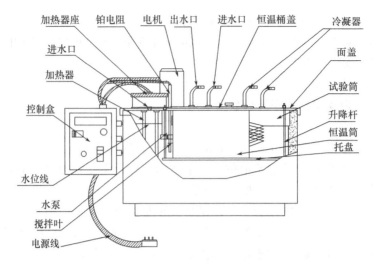

图 1-37　CS501-SP 型超级恒温器的结构部件示意图

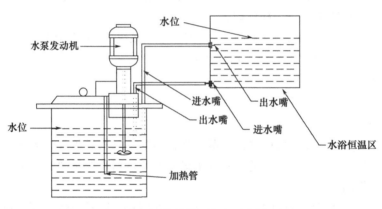

图 1-38　外接循环水浴示意图

（7）如需要低于环境温度，可用恒温器内的冷凝管制冷。方法为：外加和恒温器相同的电动水泵一只将冰水用橡皮管从冷凝管进水嘴引入冷凝管内制冷。同时在橡皮管上加管子夹一只，以控制冰水的流量。用冰水导入制冷一般只能达到 15～30℃。

七、SWC-ⅡD 数字精密温度温差仪

1. 仪器结构

见图 1-39。

2. 使用方法

（1）将传感器插入后盖的传感器接口。

（2）将 220V 电源接入后盖板上的电源插座。

（3）将传感器插入被测物之中。

（4）按下电源开关，此时显示仪表初始状态（实时温度），如：

温差（℃）	温度（℃）	定时
−7.224	12.77	00

（5）当温度显示值稳定后，按一下"采零"键，温差显示窗口显示"0.000"。稍后的变

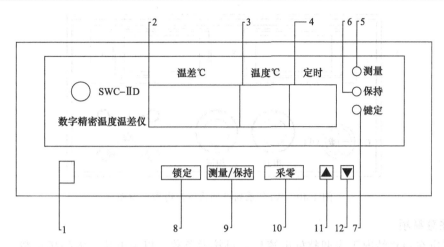

图 1-39　SWC-ⅡD 数字精密温度温差仪示意图

1—电源开关；2—温度显示窗口——显示温差值；3—温度显示窗口——显示所测物的温度值；4—定时窗口——
显示设定的读数时间间隔；5—测量指示灯——灯亮表明仪表处于测量工作状态；6—保持指示灯——灯亮表示仪
表处于读数保持状态；7—锁定指示灯——灯亮表明仪表处于基温锁定状态；8—锁定键——锁定选择的温度；
9—测量/保持键——测量功能和保持功能之间的转换；10—采零键——用以消除仪表当时的温差值，使仪表显示
窗口显示"0.000"；11—增时键——按下此键，时间由 0 至 99 递增；12—减时键——按下此键，时间由 0 至 99
递减

化值为采零后温差的相对变化量。

（6）在一个实验中，仪器采零后，当介质温度变化过大时，仪器会自动更换适当的温基，这样，温差的显示值将不能正确反映温度的变化量。故在实验时，按下"采零"键后，应再按下"锁定"键，这样，仪器将不会自动变化温基，"采零"键也不起作用，直至重新开机。

（7）需要记录读数时，可按一下"测量/保持键"使仪器处于保持状态（此时"保持"键指示灯亮）。读数完毕，再按一下"测定/保持"键，即可转换到"测量"状态，进行跟踪测量。

（8）定时读数

① 按下"▲"或"▼"键，设定所需的报时间隔（应大于 5s，定时才起作用）。

② 设定完后，定时显示将进行倒计时，当一个计数周期完毕后，蜂鸣器鸣叫且读数保持约 5s，"保持"指示灯亮，此时可观察和记录数据。

③ 不想报警，只需将定时读数置于 0 即可。

3. 注意事项

（1）温度显示窗口显示传感器所测物的实际温度 T。

（2）温度显示窗口显示的温差为介质实际温度 T 与某温基 T_0 的差值。

八、WLS 系列可调式恒流电源

1. 仪器结构

见图 1-40。

2. 使用方法

（1）将负载线按颜色插入并稍微旋紧。

（2）接通电源，打开电源开关。

（3）将两线夹短路，调节粗、细调整旋钮，使电源显示所需读数。

（4）将负载夹与负载按正负极性相连，此时，仪器显示通过负载的电流及两端电压。

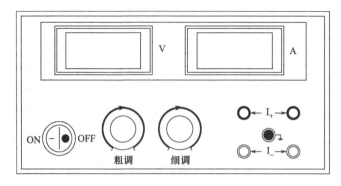

图 1-40　WLS 系列可调式恒流电源示意图

3. 注意事项

仪器应在短路情况下先调整好电流后，再接通负载，以免电流过大损坏负载。

九、DF-101S 型集热式恒温加热磁力搅拌器

1. 仪器结构

DF-101S 型恒温加热磁力搅拌器通过外接"电节点温度计"控制来精确恒温，可根据使用要求，作水浴和油浴使用。其结构如图 1-41 所示。

2. 使用方法

图 1-41　DF-101S 型集热式恒温加热磁力搅拌器

（1）接通电源，盛杯准备就绪，打开不锈钢容器盖，将盛杯放置不锈钢容器中间。往不锈钢容器中加入导热油（或硅油、水）至恰当高度，将搅拌子放入盛杯溶液中。开启电源开关，指示灯亮，将调速电位器按顺时针方向旋转，搅拌转速由慢到快。调节到要求转速为止。

（2）要加热时，连接温度传感器探头，将探头夹在支架上，移动支架使温度传感器探头插入溶液中不少于 5 厘米，但不能影响搅拌。开启控温开关，设定所需温度，按控温仪上"＋"、"－"设置需恒温温度，表头数字显示数值为盛杯中实际温度，加热停止，自动恒温，该仪器可长时间连续加热恒温。

（3）如工作中搅拌子出现跳子现象，请关闭电源后重新开启，速度由慢到快，调节便可恢复正常工作。

3. 注意事项

（1）为确保你的人身安全，请使用三相安全插座，保用时最好妥善接地。

（2）仪器使用应保持整洁，长期不用应切断电源、关闭开关以免发生意外。

（3）不锈钢容器没有加入导热油（或水）时以及没有连接温度传感器时，请不要开启温控开关，以免电热管及恒温表损坏。

十、X-4 型显微熔点测定仪

1. 仪器结构

X-4 显微熔点测定仪是较常用的熔点测定仪，它主要由显微镜、加热平台、温控装置及温度显示等几部分构成。显微熔点测定仪可测微量样品和高熔点的样品，还可观察样品在加热过程中变化的情况，如结晶的失水、多晶的变化、升华及分解等。其结构如图 1-42 所示。

X-4 显微熔点测定仪采用双目体视显微镜，PID 智能控温，双排数字显示设定温度和被测温度，智能调控热台温度，具有冲温小、加热快、自动恒温的特点。热台采用 220V/300W 镍铬丝。主要技术参数：放大倍数 20X、40X、80X；工作距离 30～100mm；物方视场 φ100mm～3mm；测定量小于 0.1mg；测定误差满量程±0.5%；测量准确度±1℃～±0.1℃。

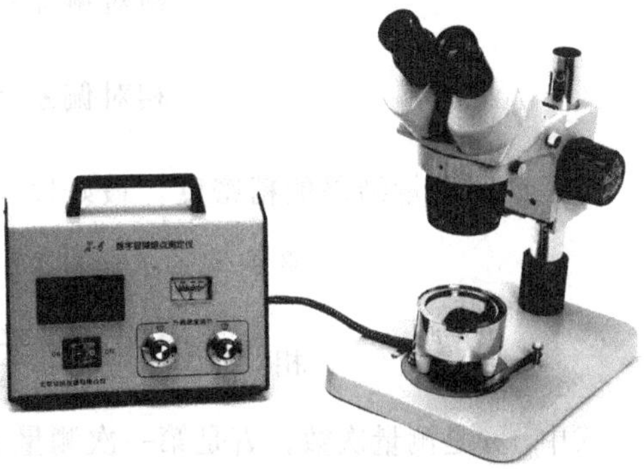

图 1-42　X-4 型显微熔点测定仪结构示意图

2. 使用方法

（1）装样：取一片洁净干燥的载玻片放在仪器上可移动的支持器上，将经过烘干、研细的微量样品放在载玻片上，并用另一载玻片覆盖住样品，调节支持器使样品对准加热台的中心孔洞，再用圆玻璃盖罩住

（2）调焦：调节镜头焦距，使样品清晰可见。

（3）升温：通电加热，调节加热旋钮控制升温速率。开始时升温可快些，当温度低于样品熔点 10～15℃时，用微调旋钮控制升温速率不超过 1℃·min^{-1}。

（4）测量熔点：仔细观察样品变化，当晶体棱角开始变圆时，表示开始熔化；结晶形状完全消失、变成液体时，表明完全熔化。样品开始熔化至完全熔化阶段，温度不变，这个温度就是所测样品的熔点。

3. 注意事项

在重复测量时，开关处于中间关的状态，这时加热停止。自然冷却到 10 以下时，放入样品，开关打到加热时，即可进行重复测量。测试完毕，应切断电源，当热台冷却到室温时，方可将仪器装入包箱内。

第七节　实验结果的表示

一、误差

1. 准确度和误差

准确度：是指测定值与真实值之间的偏离程度。

误差：绝对误差指测定值与真实值之差（绝对误差＝测定值－真实值）；相对误差指绝对误差与真实值之比（占百分之几）

$$相对误差＝\frac{绝对误差}{真实值}×100\%$$

绝对误差与被测量值的大小无关，而相对误差与被测量值的大小有关。一般用相对误差来反映测定值与真实值之间的偏离程度（即准确度），这比用绝对误差更为合理。

2. 精密度和偏差

精密度：指测量结果的再现性（重复性）。

偏差：通常被测量的真实值很难准确知道，于是用多次测量结果的平均值作为最后的结果。单次测定的结果与平均值之间的偏离就称为偏差。偏差也有绝对偏差和相对偏差之分。

$$绝对偏差 = 单次测定值 - 平均值$$

$$相对偏差 = \frac{绝对偏差}{平均值} \times 100\%$$

为了说明测量结果的精密度，最好以单次测量结果的平均偏差和相对平均偏差表示。

$$平均偏差\ \bar{d} = \frac{1}{n}(|d_1| + |d_2| + \cdots + |d_n|)$$

$$相对平均偏差 = \frac{平均偏差}{平均值} \times 100\%$$

式中，n 是测量次数；d_1 是第一次测量的绝对偏差；……；d_n 是第 n 次测量的绝对偏差。用数理统计方法处理数据时，常用标准偏差 σ 和相对标准偏差 σ_r 来衡量精密度。

$$\sigma = \sqrt{\frac{\sum_{i=1}^{n}(x_1 - \bar{x})^2}{n-1}} = \sqrt{\frac{\sum_{i=1}^{n}d_i^2}{n-1}}$$

$$\sigma_r = \frac{\sigma}{\bar{x}} \times 100\%$$

从相对偏差和相对标准偏差的大小可以反映测量结果再现性的好坏，即测量的精密度。相对偏差或相对标准偏差小，可视为再现性好，即精密度高。

3. 准确度和精密度

准确度高一定需要精密度高，但精密度高不一定准确度高。精密度是保证准确度的先决条件，精密度低说明测量结果不可靠，在这种情况下，自然失去了衡量准确度的前提。

准确度和精密度、误差与偏差具有有不同的含义。但是严格来说，由于任何物质的"真实值"无法准确知道，一般所知道的"真实值"，其实就是采用各种方法进行平行测量所得到的相对正确的"平均值"。用这一平均值代替真实值计算误差，得到的结果仍然有误差。所以在实际工作中，有时不严格区分误差和偏差。

4. 产生误差的原因

产生误差的原因很多，一般可分为系统误差和偶然误差两大类。

（1）系统误差

由于某些固定的因素所造成的误差称为系统误差。系统误差的特点是在多次重复测量时，结果总是偏高或者偏低，且会重复出现。产生系统误差的主要原因有：实验方法不完善；所用的仪器准确度差；药品不纯等。系统误差可以用改善方法、校正仪器、提纯药品等措施来减小，有时也可以在找出误差原因后，算出误差的大小而加以修正。

（2）偶然误差

由一些难以控制的因素所造成的误差称为偶然误差。例如测量时环境温度、湿度和气压的微小波动，仪器性能的微小变化，测量人员对各次测量的微小差别等，都可能带来误差。偶然误差在测量过程中是无法避免的。但偶然误差符合一般的统计规律，即：

① 正误差和负误差出现的概率相等。

② 小误差出现的次数多，大误差出现的次数少，个别特别大的误差出现的次数极少。所以通常可采用"多次测定，取平均值"的方法来减小偶然误差。

③ 过失误差。除了上述两类误差以外，还有由于工作粗枝大叶，不遵守操程等原因造成测量数据有很大的误差称为过失误差。如果确知由于过失差错而引进了误差，则在计算平

均值时应剔除该次测量的数据。通常只要加强责任感，对工作认真细致，过失差错是完全可以避免的。

二、有效数字

1. 有效数字

用某一测量仪器测定物质的某一物理量，其准确度都是有一定限度的。测量值的准确度决定于仪器的可靠性，也与测量人员的判断力有关，测量的准确度是由仪器刻度标尺的最小刻度决定的（假定刻度标尺是正确的）。

如托盘天平最小刻度标尺是 0.2g，而分析天平最小刻度标尺是 0.1mg。前者准确度低，后者准确度高。又如，50mL 量筒最小刻度是 1mL，而 50mL 滴定管的最小刻度是 0.1mL，前者准确度低，后者准确度高。

在测量过程中，被测物体的某一物理量的标线在仪器标尺的两刻度之间，则需利用判断力估计最后一位数。如测量液体的体积：用 50mL 量筒测量，若液体弯月面底部（标线）在 24mL 与 25mL 的两刻度之间，则需估计最后一位数，甲读得 24.3mL，乙读得 24.4mL，丙读得 24.2mL。前两位数都是很准确的，第三位数因为没有刻度，是估计出来的，所以稍有偏差。这第三位数字不甚准确，称为可疑值。但它并不是臆造的，所以记录时应该保留它。

用 50mL 滴定管测量时，液体的弯月面底部（标线）在 24.3mL 与 24.4mL 两条刻度线之间，也需要估计最后一位数，甲可能读得 24.33mL，乙可能读得 24.32mL，丙可能读得 24.34mL。前三位数都是很准确的，第四位数是估计值，不甚准确，记录时也应该保留它。

所谓有效数字：就是在一个数中，除最后一位数是不甚准确的外，其他各数都是确定的。也就是说，有效数字就是实际上能测到的数字。用 50mL 量筒测到的有效数字是三位（所取液体体积要大于 10mL），用 50mL 滴定管测到的有效数字是四位（体积要大于 10mL）。若用量筒测量液体体积时读出 24.25mL 就错了，因为 24.25 中 2 已是估读的，人的眼睛无法再判断最后一位 5。同理，若用 50mL 滴定管测量液体体积时读出 25.3mL，也错了，因为未估计最后一位数。前者有效数字多一位，后者有效数字少一位，这意味着前者扩大了仪器测量的准确度，而后者缩小了仪器的准确度。

例如，下面各数的有效数字的位数。

1.0008	43181	五位有效数字
0.1000	10.98%	四位有效数字
0.0382	2.98×10^{-3}	三位有效数字
54	0.0040	两位有效数字
0.05	2×10^5	一位有效数字
3600	100	有效数字位数不确定

在以上数据中"0"起的作用是不同的，它可以是有效数字，也可以不是有效数字。例如 1.0008 中，"0"是有效数字。在 0.0382 中，"0"只起定位作用，不是有效数字，因为这些"0"只与所取的单位有关，而与测量的精密度无关，如果将单位缩小 100 倍，则 0.0382 就变成 3.82，有效数字只有三位。在 0.0040 中，前面三个"0"不是有效数字，后面一个"0"是有效数字。另外还应注意，像 3600 这样的数字，有效数字位数是不好确定的，应该根据实际的有效位数写成 3.6×10^3（两位），3.60×10^3（三位），3.600×10^4（四位）。

那些不需要经过测量的数值，如倍数或分数，可认为它们是无限多位有效数字。

2. 有效数字的运算规则

（1）加法与减法

几个数据相加或相减，它们的和或差的有效数字应以小数点后位数最少的数为准。例如，将 1.0036、12.34 及 0.498 相加，见下式（可疑数以"?"标出）

$$
\begin{array}{r}
1.003\overset{?}{6} \\
12.3\overset{?}{4} \\
+\quad 0.49\overset{?}{8} \\
\hline
13.8\overset{?}{4}\overset{?}{1}\overset{?}{6} \rightarrow 13.84
\end{array}
$$

可见，小数点后位数最少的 12.34 中的 4 已是可疑数，相加后使得 13.8416 中的 4 也可疑，所以再多保留几位也无意义，也不符合有效数字只保留一位可疑数字的原则，这样相加后的结果应是 13.84。

以上为了看清加减后应保留的有效数字的位数，采用了先运算后取舍的方法，一般情况下为了计算的方便，可先取舍后运算，即：

$$
\begin{array}{r}
1.0036 \rightarrow 1.00 \\
12.34 \rightarrow 12.34 \\
+\quad 0.498 \rightarrow 0.50 \\
\hline
13.84
\end{array}
$$

（2）乘法与除法

几个数据相乘或者相除，它们的积与商的有效数字也应只保留一位可疑数，以有效数字位数最少的为准，与小数点的位置无关。例如：

$$
\begin{array}{r}
1.30\overset{?}{1} \\
\times\quad 2\overset{?}{1} \\
\hline
1\,3\,0\overset{?}{1} \\
2\,6\,0\overset{?}{2} \\
\hline
27.3\overset{?}{2}\overset{?}{1}
\end{array}
$$

从上例可看出，由于 21 中的 1 是可疑的，使得积中 27.321 中的 7 也可疑，所以保留两位即可，结果是 27。

（3）对数、反对数

对数的首数是确定真数中小数点的位置的，所以对数的首数不是有效数字，对数的尾数的有效数字的位数应与相应真数的有效数字位数相同。

例如：2.00×10^{-2} 为三位有效数字，其对数 $\lg(2.00\times10^{-2})=-1.699$ 尾数部分仍保留三

位，首字－1不是有效数字，不能记成 lg(2.00×10^{-2})＝－1.70，这里－1.70只有两位有效数字，与原数的有效数字 2.00×10^{-2}（三位）不一致了。

在化学中，对数、反对数运算很多。反对数运算也与对数运算一样。例如 pH 值的运算：若 pH＝10.31，这是两位有效数字，所以 $c(H^+)$＝4.9×10^{-11} mol·L^{-1}，有效数字仍只有两位，而不能记成 $c(H^+)$＝4.898×10^{-11} mol·L^{-1}。

三、作图法处理实验数据

实验中得到的大量数据，可以用列表法、作图法和方程式法表示出来，下面仅就作图法做一简单介绍。

利用图形表达实验结果，能直接显示出数据的特点、数据变化的规律，并能利用图形做进一步的处理，求得斜率、截距、内插值、外推值、切线等。因此，利用实验数据正确地作出图形是十分重要的。下面介绍两种常用的处理实验数据的作图法。

1. 坐标纸作图法

坐标纸作图时的注意事项如下。

（1）坐标纸、比例尺要选择适当

用直角坐标纸时，常以自变量为横坐标。横、纵坐标的读数不一定从 0 开始，坐标轴旁应注明所代表变量的名称及单位。

坐标轴上比例尺的选择极为重要。选择时要注意：

① 最好能表示全部有效数字，这样由图形所求出的斜率、截距等物理量的准确度与测量的准确度相一致。

② 每一格所对应的数值应便于计算，便于迅速读数。

③ 要能使数据的点分散开，占满纸面，使全图布局匀称，而不要使图很小，只偏于一角。

④ 如所作图形为直线，则所取坐标比例尺的大小应使直线与横坐标的夹角在 45°左右，角度勿太大或太小。

用乙酸在不同浓度时 pH 值数据（见表 1-7）作图为例加以说明。我们已知 HAc 的解离达到平衡时，$c(H^+)=\sqrt{kc}$，对此式取负对数，则得 $pH=-\frac{1}{2}lgk-\frac{1}{2}lgc$。显然这是直线方程，$-\frac{1}{2}lgk$ 为截距。选用直角坐标纸，以 lg$c$ 为横坐标，pH 值为纵坐标作图，数据处理结果见图 1-43。

表 1-7　HAc 在不同浓度时的 pH 值（25℃）

$c(HAc)/mol \cdot L^{-1}$	0.0010	0.0050	0.010	0.030	0.050	0.080	0.10
lg$c$	－3.00	－2.30	－2.00	－1.52	－1.30	－1.10	－1.00
pH 值	3.91	3.57	3.38	3.23	3.03	2.96	2.87

图中横坐标每格（即 1cm）表示 0.20，纵坐标每格表示 0.20pH 值。这样能使数据分散开，占满图纸，使全图布局匀称。由于测定 pH 仪器的精确度为±0.02pH，测得的 pH 可读到小数点后两位，即纵坐标的读数是三位有效数字；横坐标的有效数字位

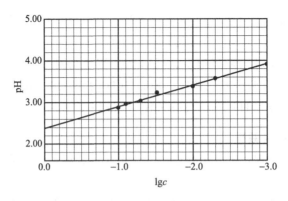

图 1-43   HAc 的 pH-lg$c$ 图

数，由 HAc 浓度的有效数字位数来定。由于坐标能表示出全部有效数字，因此从图形所求的 K 值的精确度与测量的精确度相一致。

（2）点要标清楚

测得的数据在图上画出的点应该用符号⊙、×、□、△、○等标示清楚。这样作出曲线后，各点位置仍很清楚，绝不可只点一小点"·"，以免作出曲线后，看不出各数据的位置。

（3）连接曲线（直线）要平滑

根据实验数据标出各点后，即可连成曲线（或直线）。曲线（或直线）不必通过所有各点，只要使各点均匀地分布在曲线两侧即可。如有的点偏离太大，则连线时可不考虑。总之应连成一条曲线或一条直线，不可画成折线，描线方法见图 1-44。

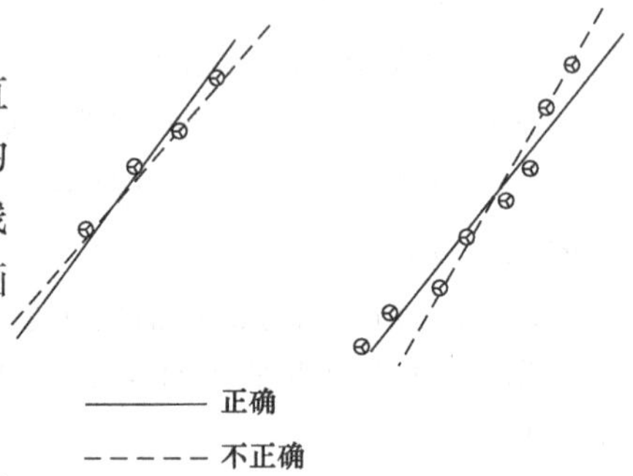

（4）求直线的斜率时，要从线上取点

对直线 $y = mx + b$，其斜率 $m = \dfrac{y_2 - y_1}{x_2 - x_1}$，将两个点

——— 正确

- - - 不正确

图 1-44   描线方法

(x_1, y_1)，(x_2, y_2) 的坐标值代入即可算出。为了减小误差，所取两点不宜相隔太远。应特别注意的是，所取之点必须在线上，不能取实验中的两组数据代入计算（除非这两组数据代表的点恰好在线上且相距足够远）。计算时应注意是两点坐标差之比，不是纵、横坐标线段之比，因为纵横坐标的比例尺可能不同，以线段长度求斜率，很可能导出错误结果。

2. 计算机作图法

随着计算机的普及，可以利用数据处理软件，通过计算机作图来分析和处理实验数据，既方便快捷又科学准确。在化学实验数据处理中，"Origin"是最常用的处理实验数据的软件之一。下面仍以表 1-7 中"乙酸在不同浓度时的 pH 值"数据，通过"Origin 7.0"软件处理实验数据为例，来说明计算机作图法的基本步骤。

（1）首先，打开"Origin 7.0"软件，将表 1-7 中的数据引入到工作中，得到如图 1-45 所示界面。

（2）选择图 1-45 中的数据作为分析对象，得到如图 1-46 所示的界面。

（3）选择图 1-46 中左下角的数据图样式，双击第二种数据图样式，出现图 1-47 所示的界面，选择并双击"Use Defaults"后，选择"是"，得到如图 1-48 界面中所示的数据点图。

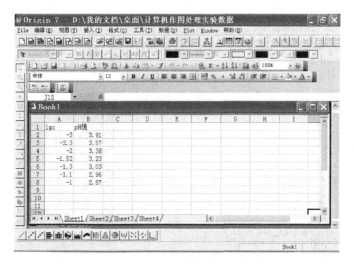

图 1-45　引入数据界面

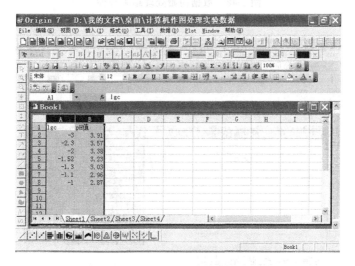

图 1-46　选择数据界面

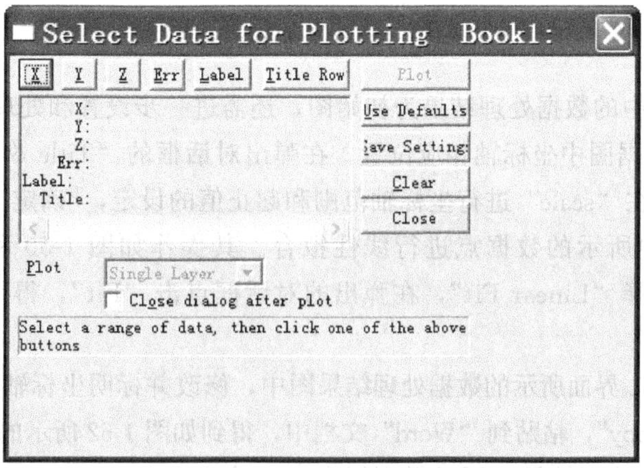

图 1-47　操作界面图

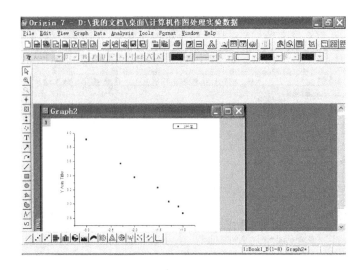

图 1-48　数据初始处理结果界面

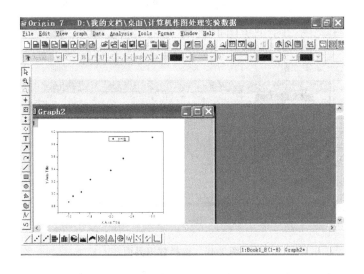

图 1-49　数据处理结果

（4）图 1-48 界面中的数据处理结果为初始图，还需进一步设置和处理得到符合要求的结果图。双击图 1-48 中数据图中坐标轴相应位置，在弹出对话框的"Title & Format"选项中进行坐标轴参数的设置，在"scale"进行坐标轴范围和起止值的设定，"确定"后得到图 1-49。

（5）将图 1-49 中所示的数据点进行线性拟合。其操作如图 1-50 和图 1-51 所示。在图 1-50 中"Tool"中选择"Linear Fit"，在弹出的对话框点击"Fit"，得图 1-51 中所示的线性拟合结果。

（6）最后在图 1-51 界面所示的数据处理结果图中，修改并标明坐标轴名称和拟合直线结果。在"Edit"中选择"Copy"，粘贴到"Word"文档中，得到如图 1-52 所示的数据处理结果。

由图 1-52 所示的处理结果，可以得到拟合直线的公式为：$y = -0.5087x + 2.3905$。由此直线方程，可知斜率和截距的值。

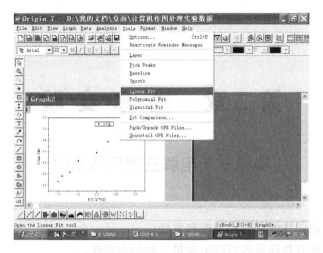

图 1-50　线性拟合操作界面

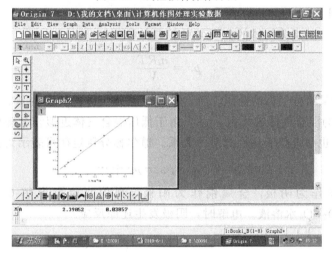

图 1-51　线性拟合结果

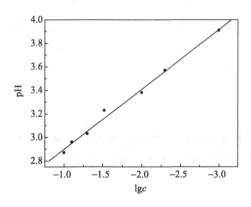

图 1-52　以 Origin 软件处理得到的实验数据处理结果图

第二章 基 本 实 验

实验一 电解法测气体常数

一、实验目的

1. 了解电解法测定气体常数的原理和方法；
2. 练习电子天平直接称量和用滴定管量气的基本操作。

二、基本原理

在理想气体中，某组分气体的分压可用下式表示：

$$p_i = \frac{n_i RT}{V}$$

式中，p_i 表示某组分气体的分压，Pa；n_i 是该组分气体的物质的量，mol；T 为混合气体的温度，K；V 为混合气体的体积，m³。由于低压混合气体近似符合理想气体模型，所以其组分气体的气压也必近似服从上式所示关系。道尔顿分压定律可表示为：

$$p_i = p_A + p_B + p_C + \cdots$$

本实验用铜丝作为阴极，金属铜作为阳极，利用直流电电解 $0.1 mol \cdot L^{-1}$ HAc -$1 mol \cdot L^{-1}$ $(NH_4)_2SO_4$ 水溶液。电解时，阴极发生还原反应：

$$2H^+(aq) + 2e^- = H_2(g)$$

阳极发生氧化反应：

$$Cu = Cu^{2+} + 2e^-$$

据法拉第电解定律可知，消耗的铜的物质的量与产生的氢气的物质的量相等。

准确测量阴极产生的氢气体积及电解前后阳极铜片的质量变化，运用理想气体状态方程式及分压定律，即可求出气体常数。

三、仪器与试剂

1. 仪器及实验用品

直流稳压电源，铜片电极，塑料外壳铜芯导线，鳄鱼夹，铁架台，50mL 酸式滴定管，150mL 烧杯一只，橡皮管，洗耳球，台秤，测量精度为 0.0001g 的电子天平，气压计，温度计。

2. 试剂

$0.1 mol \cdot L^{-1}$ HAc -$1 mol \cdot L^{-1}$ $(NH_4)_2SO_4$ 混合水溶液。

四、实验内容

(1) 金属铜电极表面预处理。将铜片先用粗砂纸轻轻磨去氧化层，再用细砂纸仔细磨光。用自来水冲洗后，再用蒸馏水洗净。最后用酒精棉球擦拭后晾干。即可在测量精度为 0.0001g 的电子天平上准确称其质量。

（2）按图 2-1 将电解装置装好，打开酸式滴定管的活塞，用洗耳球将溶液吸入量气管内升至顶端刻度，然后关闭活塞，静待 2min。检查装置是否漏气。将液面调至 50.00mL 处或稍下方有刻度处。

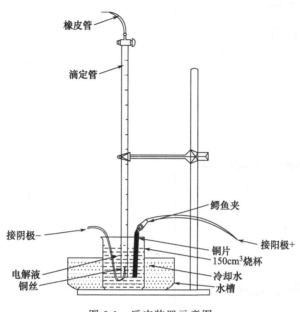

图 2-1　反应装置示意图

（3）将铜线一端与直流稳压电源阴极连接（浸入电解液的铜线要用防水绝缘套管套住）。铜线的另一端绕成线圈伸入量气管内约 2～3cm 处。稍停几分钟后，记下液面位置。

（4）将已准确称量过的金属铜片，用鳄鱼夹与电源阳极连好后，浸入电解液中。注意：夹子不能浸入或接触电解液，必须完全露在溶液的外面，为什么？

（5）接通电源（电压控制在 15V 至 20V 之间）进行电解，此时阴极立即产生氢气，电解约 14～17min，待收集到约 50mL 氢气时，迅速断开电源，停止电解，立即取出铜片。

（6）用自来水冲洗铜片，再用酒精棉擦去黏附在铜片上的疏松物质，用滤纸条吸干残留酒精，将铜片干燥后在电子天平上称量，从而得出阳极电解掉的铜的质量。

（7）记录气压计上所指的大气压数值和气压计所带温度计所指示的室温。

（8）待电解液冷却到接近室温（差值小于 2℃）时，记下量气管内的液面位置（体积读数读至小数点后两位）。从而得出管内气体体积（有时电解过程中会出现浑浊，但对本实验无影响）。

（9）用直尺量出量气管内液面与管外烧杯内液面的高度差（单位 cm）。

（10）取出滴定管，弃去烧杯内的电解残液，用蒸馏水冲洗烧杯和量气管，再倒入第二份电解液 100mL，重复以上操作一次。

五、数据处理

实验数据记在表 2-1 所示的实验数据表中，根据两次实验数据，进行数据处理，求气体常数，分析产生误差的原因。

表 2-1　实验数据与处理

记　录　项　目	第一次测量	第二次测量
阳极金属铜电解前质量 m_1/g		
阳极金属铜电解后质量 m_2/g		
电解前量气管中液面位置 V_1/mL		
电解后量气管中液面位置 V_2/mL		
氢气体积 $\dfrac{V_1-V_2}{10^6}$/m³		
温度 T/℃		
大气压 p/Pa		
温度为 T(℃) 时水的饱和蒸气压 $p(H_2O)$/Pa		
氢气的分压 $p(H_2)$/Pa		
氢气的物质的量 $\dfrac{m_1-m_2}{M(Cu)}$/mol		
液面高度差/cm		
气体常数 $R=\dfrac{p(H_2)\ V(H_2)}{nT}$/J·mol⁻¹·K⁻¹		
相对误差/% $\dfrac{\mid 8.314-R_{测}\mid}{8.314\times100\%}$		

六、思考题

1. 实验室温度、气压计温度、电解后残留电解液的温度，究竟哪一个是计算所要的温度？上述温度是否一致？如果不一致，会给实验结果带来什么影响？

2. 在第二次电解时，若不换电解液会带来怎样的后果？

3. 阳极铜片不纯对实验结果有什么影响？

4. 气压表上的压力值是不是氢气的分压？如果不是，还要进行哪些校正？

5. 量气管内的气体体积是否等于氢气的体积？为什么？

实验二 乙酸电离常数的测定

一、实验目的

1. 了解弱电解质电离常数的测定方法；
2. 练习酸碱滴定的基本操作，掌握其方法和原理；
3. 练习使用酸度计和电导率仪。

二、实验原理

1. pH 值测定法

乙酸（以 HAc 表示）是弱电解质，在水溶液中存在以下解离平衡：

$$HAc \rightleftharpoons H^+ + Ac^-$$

起始浓度 $\quad\quad\quad c \quad\quad 0 \quad\quad 0$

平衡浓度 $\quad\quad c(HAc) \ c(H^+) \ c(Ac^-)$

$$K_a^\ominus = \frac{[c(H^+)/c^\ominus][c(Ac^-)/c^\ominus]}{c(HAc)/c^\ominus}$$

$K_a^\ominus$ 为乙酸解离常数。

$$c(H^+) = c(Ac^-) \quad\quad\quad\quad c(HAc) = c - c(H^+)$$

在乙酸溶液中

$$c^\ominus K_a^\ominus = \frac{[c(H^+)]^2}{c - c(H^+)}$$

α 为解离度：

$$\alpha = \frac{c(H^+)}{c}$$

测定已知浓度 HAc 溶液的 pH 值，便可计算出它的解离常数和解离度。

2. 电导法

物质导电能力的大小，通常以电阻 R 或电导 G 表示，电导是电阻的倒数：$G = 1/R$。电阻的单位是 Ω，电导的单位是 S，$1S = 1\Omega^{-1}$。

导体的电阻与其长度 L 成正比，与其截面积 A 成反比：$R \propto L/A$，或 $R = \rho(L/A)$，式中 ρ 为比例常数，称为电阻率。根据电导与电阻的关系，可推出：

$$G = \kappa \frac{A}{L} \quad 或 \quad \kappa = G \frac{L}{A}$$

式中，κ 称为电导率，是长 1m、截面积为 $1m^2$ 的导体的电导，单位是 $S \cdot m^{-1}$。对于电解质溶液，电导率是电极面积为 $1m^2$ 且两极相距 1m 时溶液的电导。

电解质溶液的摩尔电导（Λ_m）是把含有 1mol 电解质的溶液置于相距 1m 的两个电极之间的电导，溶液的浓度以 c 表示，单位若为 $mol \cdot L^{-1}$，则含有 1mol 电解质溶液的体积为 $(1/c)$ L 或者 $(1/c) \times 10^{-3} m^3$，因此，溶液的摩尔电导 = 电导率 × 溶液体积：

$$\Lambda_m = \kappa \times \frac{10^{-3}}{c}$$

一般是测定溶液的电导率，然后通过上式计算摩尔电导，它的单位是 $S \cdot m^2 \cdot mol^{-1}$。

弱电解质在无限稀释时，可看作是完全电离，这时溶液的摩尔电导叫做极限摩尔电导

（Λ_∞）。在一定温度下，弱电解质的 Λ_∞ 是一定的，表 2-2 列出了乙酸溶液的 Λ_∞。

一定浓度的弱电解质，其解离度等于该浓度时的摩尔电导与极限摩尔电导之比：

$$\alpha = \frac{\Lambda_m}{\Lambda_\infty}$$

表 2-2　乙酸溶液的极限摩尔电导

温度/℃	0	18	25	30
$\Lambda_\infty / S \cdot m^2 \cdot mol^{-1}$	0.0245	0.0349	0.03907	0.04218

所以可通过测定 HAc 溶液的摩尔电导，由上式计算得到 HAc 溶液的解离度，再由解离度与解离常数关系：

$$c^\ominus K_a^\ominus = \frac{c\alpha}{1-\alpha}$$

计算求得乙酸的解离常数。

三、仪器与试剂

1. pH 值测定法

仪器：pHS-25C 型酸度计 1 套，酸式、碱式滴定管（50mL）各 1 支，锥形瓶（250mL）2 只，烧杯（100mL）5 只，玻璃棒 4 根，移液管（25mL）1 支。

试剂：标准 NaOH 溶液（0.1000mol · L^{-1}），酚酞（1% 乙醇溶液），标准缓冲溶液（pH＝4.0），未知浓度的 HAc 溶液（0.1mol · L^{-1}）。

2. 电导法

仪器：DDS-307A 型电导率仪 1 台，烧杯（100mL）3 个，酸式滴定管 2 支。

试剂：二次蒸馏水，已知浓度的 HAc 溶液（0.1000mol · L^{-1} 或 0.05mol · L^{-1}）。

四、实验内容

1. pH 值测定法

（1）HAc 溶液浓度的标定

用 25mL 移液管准确吸取 25.00mL 待标定的 HAc 溶液置于 250mL 锥形瓶中，加 5 滴酚酞溶液，用碱式滴定管中已知浓度的 NaOH 标准溶液滴定至刚出现红色，经摇荡后半分钟不消失为止。记录滴定前及滴定终点时滴定管中 NaOH 的液面读数，算出用去的 NaOH 溶液体积，计算乙酸溶液的浓度，见表 2-3。

表 2-3　乙酸溶液浓度标定数据记录表

实 验 序 号	Ⅰ	Ⅱ	Ⅲ
标准 NaOH 溶液的浓度/mol · L^{-1}			
HAc 溶液的体积/mL			
NaOH 溶液起始液面/mL			
NaOH 溶液终点液面/mL			
消耗 NaOH 溶液的体积/mL			
乙酸溶液的浓度/mol · L^{-1}			

（2）配制不同浓度的乙酸溶液

取 5 只干燥洁净的 100mL 烧杯编成 1～5 号。用酸式滴定管准确放取已标定过的 HAc

溶液和蒸馏水，按表 2-4 格中烧杯号数配制不同浓度的 HAc 溶液。

（3）测定 HAc 溶液的 pH 值

用 pHS-25C 型酸度计，按照表 2-4 由稀到浓的顺序依次测定它们的 pH 值，记录数据和室温。计算解离度和解离常数。

表 2-4　pH 值测定数据记录表　　　　　　　室温：_____℃

编号	$V(HAc)/mL$	$V(H_2O)/mL$	$c(HAc)$ /mol·L^{-1}	pH(测)	$c(H^+)$ /mol·L^{-1}	α	$K_a^{\ominus}$
1	48.00	0.00					
2	24.00	24.00					
3	12.00	36.00					
4	6.00	42.00					
5	3.00	45.00					

2. 电导法

（1）配制不同浓度的乙酸溶液

先将 3 个干燥的 100mL 烧杯编号，然后按照表 2-5 的烧杯编号，用两支滴定管分别准确放取已知浓度的 HAc 溶液和蒸馏水。

表 2-5　乙酸溶液配制表

烧杯编号	$V(HAc)/mL$	$V(H_2O)/mL$	配制的 $c(HAc)$ /mol·L^{-1}	电导率 $\kappa/S·m^{-1}$
1	12.00	36.00		
2	24.00	24.00		
3	48.00	0.00		

（2）由稀到浓测定 1~3 号 HAc 溶液的电导率，将结果记录在表 2-6 中。

（3）数据记录及处理结果：电极常数 $R=$_____；室温：_____℃；在此温度下，查表得 HAc 的 $\Lambda_\infty=$_____ S·m^2·mol^{-1}。

表 2-6　数据记录及处理结果

烧杯编号	配制的 $c(HAc)/mol·L^{-1}$	电导率 $\kappa/S·m^{-1}$	$K_a^{\ominus}$
1			
2			
3			

五、思考题

1. 不同浓度 HAc 的解离度和解离常数是否相同？

2. 实验时为什么要记录温度？

3. 电解质溶液导电的特点是什么？

4. 弱电解质的解离度与哪些因素有关？

5. 测定 HAc 溶液的 pH 值或电导率时，溶液为什么要由稀到浓进行？

实验三　化学反应热效应的测定

一、实验目的

1. 了解化学反应热效应测定的原理与方法；
2. 测定硫酸铜溶液与金属锌反应的热效应；
3. 练习电子天平称量、移液管使用等基本操作。

二、实验原理

化学反应一般都伴随着热效应的发生。若某个化学反应在恒压（大气压）条件下进行，此时的反应热效应称之为恒压热效应 Q_p。根据化学热力学原理，恒压热效应 Q_p 等于反应体系的焓变 $\Delta_r H_m^{\ominus}$（$Q_p = \Delta_r H_m^{\ominus}$）。

化学反应焓变的测定方法很多。本实验根据热化学经典量热原理与技术，测定硫酸铜溶液与锌粉反应的焓变值。其方法是取一定量准确浓度的 $CuSO_4$ 溶液，与过量的锌粉反应，通过一个比较简易的量热器，测定锌粉与硫酸铜溶液反应体系的温度变化值（ΔT），测定量热器体系的热容 C_p，利用 ΔT、C_p 等参数与 $\Delta_r H_m^{\ominus}$ 的关系式，计算出反应的热效应 $\Delta_r H_m^{\ominus}$。

硫酸铜溶液与锌粉的反应是一个能自发进行的放热反应，理论上，在 298.15K、101.13 kPa 下，每摩尔反应的 $CuSO_4$ 与 Zn 反应放出 216.8kJ 热量：

$$Zn(s) + CuSO_4(aq) \longrightarrow Cu(s) + ZnSO_4(aq)$$

$$\Delta_r H_m^{\ominus} = -216.8 \text{kJ} \cdot \text{mol}^{-1}$$

化学反应所放出的热量使量热器本身和反应体系的温度升高 ΔT，化学反应放出的热量关系为：

$$Q_p = \Delta T C V d + \Delta T C_p \qquad (2\text{-}1)$$

溶液得热　量热器得热

$\Delta_r H_m^{\ominus}$ 与 ΔT、C_p 等参数的关系为：

$$\Delta_r H_m^{\ominus} = -\frac{Q_p}{n} = -\frac{-\Delta T(CVd + C_p)}{1000n} \qquad (2\text{-}2)$$

式中　$\Delta_r H_m^{\ominus}$——反应焓变，$kJ \cdot mol^{-1}$；

$\quad\quad \Delta T$——反应前后溶液温度变化，K；

$\quad\quad C$——溶液比热容，$J \cdot g^{-1} \cdot K^{-1}$；

$\quad\quad C_p$——量热器比热容，$J \cdot K^{-1}$；

$\quad\quad V$——溶液体积，cm^3；

$\quad\quad d$——溶液密度，$g \cdot cm^{-3}$；

$\quad\quad n$——V（cm^3）溶液中溶质的物质的量，mol。

假设量热器本身吸收热量忽略不计，即 C_p 值为零，则式（2-2）变为：

$$\Delta_r H_m^{\ominus} = \frac{-\Delta T C V d}{1000n} \qquad (2\text{-}3)$$

如果已知 $CuSO_4$ 溶液的浓度和体积，溶液的 d 值按照理论计算，C 值取水的比热容，只要测定出反应前后溶液温度的变化值，根据式（2-3）就可以计算出反应的焓变。

由于实验中的量热器不是一个理想状态绝热体系，即量热器不可避免地与环境发生少量的热交换。要比较准确的测定反应热，一个重要的问题就是要确定量热器体系（构成量热器的容器、传感器、反应物及其他附件）的热容。因此，可以通过测定量热器体系的热容来计算化学反应的热效应。测定量热器体系热容 C_p 的方法有多种，常使用能精确测得的电能的方法来测定量热器体系的热容。即在该量热器体系中定量地通入电能 J，加热之，使量热器体系的温度从 T_A 变化到 T_B 时，其温度变化了 ΔT，只要知道了消耗的电能量，就能计算出该体系吸收的热能（$Q_{电能}$），求得量热器的热容，以校正或求得化学反应热。其原理如图2-2所示。

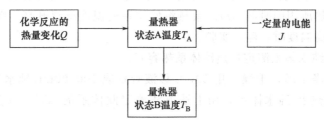

图 2-2 量热器校正原理示意图

已知 $Q_{电能} = IVt$，量热器体系吸热 $Q_{电能}$，温度变化 ΔT_d，量热器的热容 C_p' 为：

$$C_p' = Q_{电能}/\Delta T_d = \frac{IVt}{\Delta T_d} \tag{2-4}$$

式中，C_p' 为量热器体系的表观热容，当温度变化不大时，C_p' 可视为常数。

三、仪器与试剂

1. 仪器及实验用品

精密数字温度温差仪，电热装置及恒流电源，电子天平，秒表，250mL 容量瓶，移液管（50mL），洗耳球，简易量热器（带电磁搅拌器的保温瓶），烧杯（250mL），试管，吸管，称量纸等。

2. 试剂

金属锌粉（A.R.），$CuSO_4 \cdot 5H_2O$（A.R.），$NH_3 \cdot H_2O$（6.0mol·L^{-1}）。

四、实验内容

1. 化学反应体系 ΔT 的测定

（1）实验仪器的安装与调试。将实验仪器按要求连接好，检查线路无误后，将温度传感器置入保温瓶内，构成简易的量热器。

（2）通过计算，用精密电子天平准确称取配制 250mL 浓度为 0.1000mol·L^{-1} 的 $CuSO_4$ 溶液所需的 $CuSO_4 \cdot 5H_2O$ 固体，用纯净水配制好 250mL 0.1000mol·L^{-1} $CuSO_4$ 溶液备用。

（3）用普通电子天平准确称取 1.5g 金属锌粉，用称量纸包装，备用。

（4）装置好实验仪器，用 50mL 移液管量取 100.00mL 配制好的 $CuSO_4$ 溶液，注入干燥的量热器内，开动搅拌器搅拌，直至量热器内温度达到平衡（T_0）。

（5）在搅拌条件下，一次性快速地将 1.5g 金属锌粉加入量热器中，盖好瓶盖，同时按下秒表计时，每 15s 记录一个温度数据。当出现最高温度后，每 30s 记录一个温度数据，继续 3min 左右，停止采取数据。量热器中的反应物应保留，用于测定量热器体系的热容。

（6）取 1～2mL 量热器中的反应液，滴加 6mol·L^{-1} 氨水，检验有无蓝色出现，若显蓝色，则反应不完全，需要重做。

2. 量热器体系热容的测定

（1）用上述反应液测定量热器体系的热容 C'_p

此时量热器体系有约为 0.1mol·L^{-1} 的 $ZnSO_4$ 溶液、少量的金属锌和金属铜。

预热、调节好恒流电源。待上述实验的量热器冷却到室温后，开启磁力搅拌器，测定此体系的温度，温度达到平衡时，记录此时的温度（T_0）；启动电加热系统（电压 10V 左右，电流为 1.2A 左右），同时开始计时，记录体系的温度变化。当体系温度升高 4.0℃ 左右时，停止加热，记录加热所用的时间（t）。余热将使体系的温度继续升高，继续记录体系温度。当体系温度达到最高温度时，停止实验。

（2）用量热器-纯水体系测定量热器体系热容 C'_p

将反应容器洗涤干净，干燥，用 50mL 移液管量取 100.00mL 纯水注入洁净、干燥的量热器中，形成量热器-纯水体系，用上述方法测定此体系的 $\Delta T'$，计算量热器体系热容 C'_p。

五、实验结果处理

1. 将实验数据列表。

2. 根据实验数据作出温度-时间表，利用外推法求出反应前后反应体系温度变化 $\Delta T_{r,外}$。

在测定过程中，由于既有化学反应热（或电能加热）的产生，又存在搅拌热、热传导、热辐射等因素的影响，在求反应绝热温度变化（ΔT）时，应对上述因素进行校正。一般采用"外推作图法"（一些书称之为"雷诺法"）进行校正。具体方法如下：

（1）将实验数据列表（时间-温度关系表）。

（2）以时间（t/s）为横坐标，温度为纵坐标（T/K）作图，得到实验数据的时间-温度曲线图（见图 2-3）。T_1、a、b、c 分别为反应前、反应开始、反应时最高温度和反应最高温度后某点的温度。

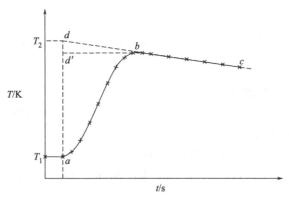

图 2-3 反应热效应温度-时间关系示意图

（3）从 c，b 点连线，外推延长到 d 点，T_2d 连线平行于横坐标得到 T_2，ad 连线平行于纵坐标。

（4）$T_2 - T_1 = \Delta T_{r,外}$ 即为外推法得到的该反应的温度变化值。

3. 若视溶液的热容 C 近似为 4.184J·g^{-1}·K^{-1}，且溶液的密度为 1.03g·cm^{-3}，则根

据式 (2-3) 可计算上述反应的焓变 $\Delta_r H_m^{\ominus}$ 及相对误差。式 (2-3) 中的 ΔT 应为外推法求得的温度变化值 $\Delta T_{r,外}$。

4. 计算出量热器体系的热容 C'_p，利用 C'_p 与 ΔT_r 的关系求得反应的焓变 $\Delta_r H_m^{\ominus}$ 及相对误差。

$$\Delta_r H_m^{\ominus} = \frac{-\Delta T_r C'_p}{n} = -\Delta T_r \frac{IVt}{\Delta T_d} \frac{1}{n}$$

式中，ΔT_r、ΔT_d 分别为化学反应体系直接测得的温度变化值和电加热体系直接测得的温度变化值。

六、思考题

1. 为何实验中所用的锌粉只需用普通电子天平称量，而硫酸铜固体要用精密电子天平称量？

2. 简述产生实验误差的主要原因。根据现有实验装置要比较准确测定化学反应热效应应做哪些改进工作？

3. 用直接测定的 ΔT_r 和外推作图求得的 $\Delta T_{r,外}$ 来计算 $\Delta_r H_m^{\ominus}$ 结果有何差异？为什么？

实验四　化学反应速率常数与活化能的测定

一、实验目的

1. 学习用电导率法求化学反应速率常数与活化能的原理和方法；
2. 了解超级恒温槽和电导率仪的使用方法；
3. 学习利用计算机进行数据采集的方法；
4. 掌握作图法进行数据处理的基本技能。

二、实验原理

1. 反应速率常数的测定

化学反应速率常数 k 是化学动力学中一个重要的物理量，它的大小直接反映了化学反应速率的快慢，且不受浓度的影响，体现了反应体系的速率特征。

本实验测定的是镁条和稀硫酸的反应速率常数。镁和稀硫酸的反应为：

$$Mg(s) + H_2SO_4(aq) \Longrightarrow MgSO_4(aq) + H_2(g) \qquad (2-5)$$

| 起始时刻 | t_0 | c_0 | 0 |
| 任意时刻 | t | $c_0 - x$ | x |

其中 c_0 为稀硫酸的起始浓度，x 为 t 时刻 $MgSO_4$ 的浓度。这是一个多相反应，反应物中的镁条为固体，当硫酸的浓度较小时，反应速率与硫酸浓度的一次方成正比，该反应可以看作是一级反应。因此，该一级反应速率方程的

微分式为：

$$-\frac{dc(H_2SO_4)}{dt} = k\, c(H_2SO_4) \qquad (2-6)$$

积分式为：

$$\ln\frac{c_0}{c_0 - x} = k\, t \qquad (2-7)$$

由式(2-7)可知，要测得该反应的速率常数 k，则应当测出任意时刻硫酸浓度的变化，即能跟踪测定硫酸的浓度。

测定反应物在不同时刻的浓度一般可用化学方法和物理方法。化学方法是在某一时刻取出一部分物质，并设法迅速使反应停止，然后进行化学分析，这样可直接得到不同时刻某物质浓度的数值，但实验操作则往往较繁；物理方法是在反应过程中对某一种与物质浓度有关的物理量进行连续监测，获得一些原位(in situ)反应的数据，通常利用的物理性质和方法有测定压力、体积、旋光度、折射率、吸收光谱、电导、电动势、介电常数、黏度、热导率或进行比色等。由于物理方法不是直接测量浓度的，所以首先需要知道浓度与这些物理量之间的依赖关系，最好是选择浓度与变化呈线性关系的一些物理量。

电导率(κ)表示间距为 1cm、电极面积为 $1cm^2$ 的两个电极之间溶液的电导，它与溶液组成及浓度有关，与电极结构无关。因此，电导率能合理地表示溶液导电能力的大小。

下面介绍与电导率有关的几个基本概念：电导(G)、电导率(κ)、电阻(R)、电阻率(ρ)及其相互间的定量关系。

$$R = \frac{L}{A}\ (L\ \text{为两电极间距离}, A\ \text{为电极截面积})$$

$$G = \kappa\frac{A}{L} \qquad G = \frac{1}{R} \qquad \kappa = G\frac{L}{A} \qquad \kappa = \frac{1}{\rho}$$

在 SI 单位制中，电导的单位名称为西门子(Siemens)，符号 S，中文代号为"西"。西的定义是：$m^{-2} \cdot kg^{-1} \cdot s^3 \cdot A^2$（米$^{-2}$·千克$^{-1}$·秒^3·安^2）。西的千进分数单位有毫西（$1mS=10^{-3}S$）和微西（$1\mu S=10^{-6}S$）等。电导率($\kappa$)可用 $S \cdot cm^{-1}$、$mS \cdot cm^{-1}$ 或 $\mu S \cdot cm^{-1}$ 表示。

在稀溶液中，任意时刻强电解质溶液的电导率(κ)随浓度的增加（即导电粒子数的增多）而升高，即电导率的变化与强电解质溶液的浓度呈线性关系。

对 H_2SO_4，$\kappa = \alpha + \beta(c_0 - x)$ (2-8)

当 $t=0$ 时，$\kappa_0 = \alpha + \beta c_0$ (2-9)

当 $t=t$ 时，$\kappa_t = \alpha + \beta(c_0 - x)$ (2-10)

当 $t=t_平$ 时，$\kappa_平 = \alpha$ (2-11)

由式(2-9)有：$c_0 = \dfrac{\kappa_0 - \alpha}{\beta}$ (2-12)

由式(2-10)有：$c_0 - x = \dfrac{\kappa_t - \alpha}{\beta}$ (2-13)

将式(2-11)～式(2-13)代入式(2-7)得：

$$\ln \frac{c_0}{c_0 - x} = \ln \frac{\kappa_0 - \alpha}{\kappa_t - \alpha} = \ln \frac{\kappa_0 - \kappa_平}{\kappa_t - \kappa_平} = kt \qquad (2-14)$$

式中，α 为反应达到平衡时（反应完全时）体系的电导率，此时硫酸的浓度 $c \approx 0$。

测出不同时刻的电导率：κ_0，κ_1，κ_2，$\cdots$，$\kappa_平$，并且以 t 为横坐标，以 $\ln \dfrac{\kappa_0 - \kappa_平}{\kappa_t - \kappa_平}$ 为纵坐标，将 $\ln \dfrac{\kappa_0 - \kappa_平}{\kappa_t - \kappa_平}$-$t$ 作图，得到图 2-4 所示的关系图，直线 OA 的斜率可视为反应速率常数 k。

2. 反应活化能的测定

根据阿累尼乌斯公式 $k = Ae^{-\frac{E_a}{RT}}$，两边取对数有

$$\ln k = \ln A - \frac{E_a}{RT} \qquad (2-15)$$

同一反应，在一定的温度区间内 A、E_a 可视为常数，因此求活化能的方法有以下两种：

(1) 跟踪测定两个不同温度 T_1、T_2 下反应体系电导率的变化，用作图法求得相应温度下的反应速率常数 k_1、k_2，则有下列方程组：

$$\ln k_1 = \ln A - \frac{E_a}{RT_1}$$
$$\ln k_2 = \ln A - \frac{E_a}{RT_2} \qquad (2-16)$$

对方程组联立求解，可直接求出反应的活化能。

(2) 在实验温度区间范围内，测定不同的反应温度 T 时的反应速率常数 k 值。以 $\ln k$ 为纵坐标，$\dfrac{1}{T}$ 为横坐标，将 $\ln k$-$\dfrac{1}{T}$ 作图，得一直线，其斜率为 $-\dfrac{E_a}{R}$，由此可求出反应的活化能 E_a。

三、仪器与试剂

1. 仪器及实验用品

CS501-SP 超级恒温槽，DDSJ-308A 型电导率仪，DJS-1C 铂黑电导电极，T-818-B-6 型温度传感器，磁力搅拌机，恒温玻璃反应夹套，不锈钢镊子，洗瓶，玻璃水槽，胶头滴管 2 支，25mL 容量瓶 1 个，砂纸（细），滤纸片，酒精棉球。

2. 试剂

稀 H_2SO_4（$0.01mol \cdot L^{-1}$），镁条（5cm），纯水。

四、实验内容

1. 反应速率常数的测定

（1）设定恒温槽的温度

参照超级恒温水槽的使用方法，接通电源，设定温度为 T_1，此时恒温槽中的水泵已经启动。

（2）稀硫酸溶液预热

将恒温反应夹套洗净，放入洗净的搅拌磁子。用容量瓶取 25mL 稀硫酸，加入到反应夹套中，启动磁力搅拌机。

（3）镁条的预处理

取 5cm 长的镁条，先用砂纸轻轻打磨掉氧化层，后用纯水洗净并用滤纸片吸干，再用酒精脱脂棉球擦拭后晾干，卷成圆圈状，备用。

（4）组装电导池

用纯水将铂黑电导电极洗净，用滤纸将残留在电极上的水吸干。将洗净的电极和温度传感器同时插入硫酸溶液中，调整好位置（位置比磁力搅拌子略高，同时保证电极的两个极板全部浸在溶液中），此时电导池组装完毕。

（5）数据采集

打开 DDSJ-308A 型电导率仪的电源开关，"模式"选用电导率。按照其使用方法，校准好电导率仪。此时，电导率仪上显示的读数有温度和电导率。

在电脑桌面上找到与仪器编号对应的数据采集图标，如"1 号-COM1"，双击该图标，打开采集软件。在"设置"工具条的下拉菜单中，"曲线图"选择"DDSJ-308A 型电导率仪"，"通讯口"选择与之对应的数据通道，如"COM1"，然后点击"开始通讯"。此时电脑屏幕上显示的数据是电导率和温度，读数与电导率仪上的一致。

在工具栏中选择"自动记录"方式，设置记录时间间隔为 30s，点击"开始记录"。此时，在显示屏下方的表格中，每 30s 自动记录一个数据。当表格中记录的温度和电导率在 2min 左右保持不变时，表示反应体系已恒温，此时的电导率即为反应体系的起始电导率 κ_0。

准备开始反应。在工具栏中点击"新建"，在弹出对话框中选"不保存"。从工具条中拉出"开始记录"键，点击"开始记录"键，同时将打磨好的镁条迅速放置到反应夹套中，反应开始。

随着反应进行，电导率不断减小，当电导率仪的读数在 3min 左右保持不变时，电导仪的读数即为平衡电导率 $\kappa_平$，点击"停止"键。在工具条中点击"EXCEL"的图标，将数据以 EXCEL 表格的形式输出；或者点"WORD"图标，将数据以 WORD 文档的形式输出。

此时，T_1 温度下的反应结束。将反应夹套、磁力搅拌子、电导电极用纯水洗净，准备 T_2 温度下的反应。

2. 反应活化能的测定

设定超级恒温水槽的温度为 T_2，重复实验内容"1"中（2）~（5）的操作。

五、实验数据分析与处理

1. 作图法求反应速率常数

在电脑采集的数据记录表中，找出相应的参数 κ_0，κ_1，κ_2，…，$\kappa_平$，计算出不同时刻的 $\ln \dfrac{\kappa_0 - \kappa_平}{\kappa_t - \kappa_平}$，并将 $\ln \dfrac{\kappa_0 - \kappa_平}{\kappa_t - \kappa_平}$-$t$ 作图。图 2-4 所示是 37℃时反应的 $\ln \dfrac{\kappa_0 - \kappa_平}{\kappa_t - \kappa_平}$-$t$ 图。

由图 2-4 可以看出，图形基本为一条直线，直线的斜率即为反应的速率常数。

由图 2-4 可以算出 37℃时镁与稀硫酸的反应速率常数为：

$$k = \frac{AB}{OB} = \frac{4.2}{20 \times 60} = 3.5 \times 10^{-3} (\text{s}^{-1})$$

由于相同浓度的 H_2SO_4 的电导率比 $MgSO_4$ 的电导率大得多，因此忽略 $MgSO_4$ 的生成对 H_2SO_4 电导率

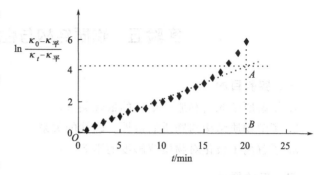

图 2-4　37℃时镁条与稀硫酸反应体系的 $\ln \frac{\kappa_0 - \kappa_{平}}{\kappa_t - \kappa_{平}}$ - t 图

的影响，用测得的反应体系的电导率代替 H_2SO_4 的电导率。在镁与稀硫酸的反应体系中，随着反应的进行，H_2SO_4 的浓度不断变小，$MgSO_4$ 的浓度不断变大。反应到某一程度时（或 H_2SO_4 的浓度降低到某一程度时），$MgSO_4$ 的电导不可忽视，会导致图中数据点偏离直线，见图 2-4 中反应时间达 15min 之后的数据。因此，在用作图法求直线 OA 的斜率时，要注意以下三点：一是直线 OA 是指拐点前的直线部分；二是使 OA 尽可能通过拐点前最多的点；三是使出现在直线 OA 两边误差点的数目基本相等。

图 2-4 中的数据也可只选直线部分的数据点，通过线性拟合，直接得到斜率。具体作图方法见第一部分中第七节三、中相关内容。

2. 计算反应活化能

将上面用作图法求得数据填写在表 2-7 中，并用解方程组的方法求出该反应的活化能。

表 2-7　反应活化能的测定

实验序号	反应温度	反应速率常数	反应的活化能
1			
2			

六、实验注意事项

1. κ_0 的测量，不放入镁条，采集的数据中，温度和电导率读数稳定不变时，电导率仪的读数才是该温度下的体系的起始电导率 κ_0。

2. 要保证 $\kappa_{平}$ 测量准确，反应时间应足够长，直到电导率仪的读数稳定在 3min 不变后才能读数。

3. 电导电极在使用时要注意以下几点：清洗电极时，先用洗瓶中的纯水吹洗，然后用滤纸片将电极上残留的水轻轻吸干，不可用力擦，以防电极铂黑被擦去；在安装时，略高于搅拌子和镁条，以免被碰坏（镁条卷成圈状，以免挂住或缠绕电极）。

4. 反应活化能在一定的温度区间才能认为是一个定值，故在测反应的活化能时，升温的温差不可过大。

七、思考题

1. 影响反应速率常数的因素有哪些？如何才能使测定结果更准确？

2. 影响反应活化能的因素有哪些？为了使本实验测定的活化能结果准确，应采取哪些措施？

实验五　物质结构与性质的关系

一、实验目的

1. 了解原子光谱和原子结构的依赖关系；
2. 了解物质结构与物质的极性、磁性的关系；
3. 了解离子极化对物质溶解度的影响。

二、实验原理

1. 原子结构和原子光谱

原子光谱：元素在高温火焰、电火花或电弧作用下变成气态并发出的颜色，经分光光度计分光后按波长或频率大小排出的彩色谱图。

同种元素的原子具有相同的电子层结构，不同元素的原子，其电子层结构不同，因此受激发时，同种元素的原子发射的线状光谱是相同的，不同元素的原子发射的线状光谱则各不相同。图 2-5 为氢原子光谱。

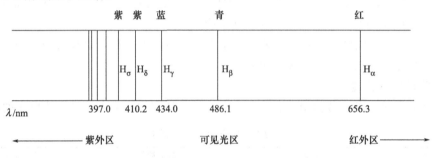

图 2-5　氢原子光谱

每种元素的原子都具有自己的特征原子光谱，可以根据原子光谱与原子结构的对应关系对物质中元素成分进行光谱化学分析。

2. 物质的磁性与结构的关系

不同物质的分子在磁场中表现出不同的磁性质。像 H_2、Cl_2 等，在磁场中受到磁场的排斥，称为反磁性或抗磁性物质；而 NO、O_2 等，在磁场中受磁场的吸引，称为顺磁性物质。

物质的磁性与电子的自旋有关。分子中的电子在绕核的轨道运动和电子本身的自旋运动都会产生磁效应。电子自旋运动产生自旋角动量，从而产生自旋磁矩；电子轨道运动产生轨道角动量，产生轨道磁矩。如果物质的原子或分子轨道中，所有的电子都已配对，那么由配对的电子自旋产生的小磁场两两大小相等、方向相反，磁效应互相抵消，净磁场等于 0，若将这种物质放在外磁场中，在其作用下，就要产生一个与外磁场方向相反的诱导磁矩而受到外磁场的排斥，因此，没有未成对电子的原子、分子或离子都具有抗磁性；如果物质具有未成对电子，则由单电子的自旋产生的小磁场不能被抵消，净磁场不等于 0，则该物质具有顺磁性，这种物质在外磁场中，不仅产生一个与外磁场方向相反的诱导磁矩，而且它的分子磁矩还沿磁场方向取向，由于分子磁矩比诱导磁矩要大得多，总的结果是产生了与磁场方向一致的磁矩，因而受到外磁场的吸引，因此，具有未成对电子的物质大都具有顺磁性。

例如，$Fe_2(SO_4)_3$ 和 $K_4[Fe(CN)_6]$，在 $Fe_2(SO_4)_3$ 中 Fe^{3+} 的外电子层分布为：

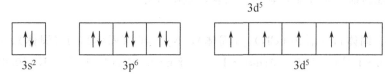

$3d^5$

| ↑↓ | | ↑↓ | ↑↓ | ↑↓ | | ↑ | ↑ | ↑ | ↑ | ↑ |

$3s^2$ $3p^6$ $3d^5$

有 5 个未成对电子，故 $Fe_2(SO_4)_3$ 在磁场作用下呈现顺磁性，可以被磁场吸引；而在 $K_4[Fe(CN)_6]$ 中，中心离子 Fe^{2+} 采用空的 d^2sp^3 杂化轨道与配体 CN^- 形成配位键。$[Fe(CN)_6]^{4-}$ 的外电子层分布为：

d^2sp^3 杂化轨道

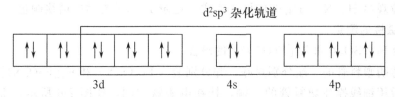

3d   4s   4p

没有未成对电子，所以 $K_4[Fe(CN)_6]$ 为逆磁性物质，不会被磁场吸引。再如氧气分子，其分子的电子分布式为：

$$O_2 \quad KK(\sigma_{2s})^2(\sigma_{2s}^*)^2(\sigma_{2p})^2(\pi_{2p_y})^2(\pi_{2p_z})^2(\pi_{2p_y}^*)^1(\pi_{2p_z}^*)^1$$

由于氧气分子中含有两个未成对电子，所以氧气为顺磁性物质，可以被磁场吸引。

3. 物质的极性与结构的关系

物质的极性与键的极性、分子的几何构型有关。极性共价键形成的双原子分子和由极性共价键形成的结构不对称的多原子分子（如 HCl、H_2O、NH_3、H_2S 等）均为极性分子。由非极性共价键构成的双原子分子和由极性共价键形成的结构对称的多原子分子（如 H_2、CO_2、CH_4、CCl_4 等）则均为非极性分子。例如 H_2O，是由极性共价键形成的结构不对称的多原子的极性分子，若使水流通过电场，由于其分子中正、负电荷中心不重合，就会因异极相吸而发生偏斜；但对非极性分子 CCl_4，CCl_4 液流通过电场时则不发生偏斜。

物质的极性对物质的溶解性有很大的影响。影响物质溶解度的因素很多，其中溶质和溶剂的极性则是决定物质溶解度的重要内在因素之一。一般来说，物质的溶解性遵循"相似者相溶"规律，即极性物质相对地易溶于极性溶剂中，非极性物质相对地易溶于非极性溶剂中。例如，I_2 和 CCl_4 都是非极性分子，所以 I_2 在 CCl_4 中的溶解度远大于它在 H_2O 中的溶解度。

4. 离子极化对物质性质的影响

离子极化对物质的键型和极性产生显著影响，使物质的性质如解离性、溶解性等随之发生较大变化。例如 AgX，因为 Ag^+ 为 18 电子构型，有较大的极化能力和一定的变形性。在 Ag^+ 的作用下，Cl^-、Br^-、I^- 发生不同程度的变形，其变形性由 F^- 至 I^-，随离子半径的增大而增大，因而 Ag^+ 与 X^- 间的相互极化作用也按同样顺序依次增强。因此在 AgX 中，化学键键型由离子键（AgF）过渡为共价键（AgI），其在水中溶解度也按 AgF、$AgCl$、$AgBr$、AgI 顺序减小。又如 Pb^{2+}（18+2 电子构型）的极化能力大于 Ca^{2+}（8 电子构型）的极化能力，所以 $PbCrO_4$ 分子中主要以共价键相结合，而 $CaCrO_4$ 则主要以离子键结合，因此 $CaCrO_4$ 溶解度大于 $PbCrO_4$ 的溶解度。

三、仪器与试剂

1. 仪器及实验用品

分光镜，H、Na、Hg 光源，简易电磁铁装置（可以按照图 2-6 自行组装），静电起电器，酸式滴定管，注射器，培养皿，烧杯，试管，点滴板等。

2. 试剂

$Fe_2(SO_4)_3$（固体），$K_4[Fe(CN)_6]$（固体），$K_2Cr_2O_7$（固体），I_2（固体），CCl_4（C. P.），$AgNO_3(0.1mol \cdot L^{-1})$，$KCl(0.01mol \cdot L^{-1})$，$KBr(0.01mol \cdot L^{-1})$，$KF(0.01mol \cdot L^{-1})$，$K_2Cr_2O_7(0.1mol \cdot L^{-1})$，$Pb(NO_3)_2(0.1mol \cdot L^{-1})$，$CaCl_2(0.1mol \cdot L^{-1})$。

四、实验内容

1. 原子光谱

用分光镜观察 H、Na、Hg 等的原子光谱。记录 H 原子光谱的谱线颜色。

2. 物质磁性的测定

（1）试验 $Fe_2(SO_4)_3$ 和 $K_4[Fe(CN)_6]$ 的磁性

将两支透明塑料管的一端分别封好，并分别装入 $Fe_2(SO_4)_3$ 和 $K_4[Fe(CN)_6]$ 粉末，再密封管口。然后用细线拴住塑料管的一端，挂在电磁铁中间，如图 2-6 所示，准备工作完成后，合上电键，分别试验 $Fe_2(SO_4)_3$ 和 $K_4[Fe(CN)_6]$ 的磁性。

（2）试验氧气的磁性

在一培养皿中盛有稀的肥皂水，肥皂水呈一凸面突出培养皿边缘，见图 2-7。用注射器吹制一直径 $0.3 \sim 0.5cm$ 的氧气泡，使磁场强度为 $1800A \cdot m^{-1}$ 的永久磁铁与水平面成 $45°$ 并接近氧气泡，当磁铁距氧气泡 $0.5 \sim 1cm$ 时，观察氧气泡被磁铁吸引情况。若氧气泡随磁铁移动而移动，这表明氧气具有顺磁性。制得同样大小的氮气或二氧化碳气泡，重复上述操作，观察现象。

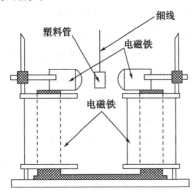

图 2-6 物质磁性测定装置示意图

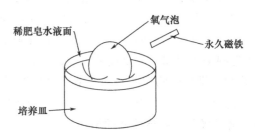

图 2-7 试验氧气的磁性装置示意图

3. 物质的极性

（1）两支酸式滴定管分别装入 CCl_4 液体和蒸馏水。将滴定管的管口对准静电起电器上的电极，在滴定管下面放置大烧杯，分别接收流下的液体，见图 2-8（实验过程中，CCl_4 和 H_2O 可以循环使用）。

打开滴定管活塞，管中液体垂直流下。立即接通电源，电极间产生一定电场，观察水流和 CCl_4 液流方向是否发生偏转。根据实验结果，对 CCl_4 和 H_2O 分子的极性做出结论。

（2）在两支干燥试管中各放入一小粒碘晶体。一试管中加入少量 CCl_4，另一支试管中加入少量 H_2O，充分摇匀后观察溶液颜色的变化（CCl_4 溶液要回收）。

（3）在两支干燥试管中分别加入 $2mL\ H_2O$ 和 $2mL\ CCl_4$，然后分别向其中加入少量的 $K_2Cr_2O_7$ 晶体，充分摇匀后观察二试管内液体的颜色。

根据本实验(2)、(3)的现象,对 I_2 和 $K_2Cr_2O_7$ 二者分别在 H_2O 和 CCl_4 中的溶解度大小做出结论并加以解释。

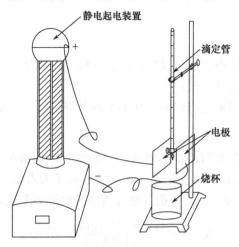

图 2-8 分子极性测定装置

4. 离子极化对物质溶解度的影响

(1) 取 2 支试管各加入 $0.1mol \cdot L^{-1}$ $AgNO_3$ 溶液 1mL,然后向一支试管内加入 $0.01mol \cdot L^{-1}$ KCl 溶液 2~3 滴,向另一支试管中加入 $0.01mol \cdot L^{-1}$ KF 溶液 2~3 滴。观察现象,写出有关反应的离子方程式。

(2) 取 2 支试管各加入 $0.1mol \cdot L^{-1}$ $Pb(NO_3)_2$ 溶液 1mL,然后向一支试管中加入 $0.01mol \cdot L^{-1}$ KCl 溶液 2~3 滴,向另一试管中加入 $0.01mol \cdot L^{-1}$ KI 溶液 2~3 滴。观察现象,写出有关反应的离子方程式。

(3) 取 2 支试管各加入 $0.1mol \cdot L^{-1}$ K_2CrO_4 溶液 1mL。向一支试管加入 $0.1mol \cdot L^{-1}$ $Pb(NO_3)_2$ 溶液 2~3 滴,向另一支试管中加入 $0.1mol \cdot L^{-1}$ $CaCl_2$ 溶液 2~3 滴。观察现象,写出离子反应方程式。

根据本实验的(1)、(2)、(3)说明离子极化对物质溶解度的影响。

五、思考题

1. 原子光谱为什么是线状光谱而不是连续光谱?为什么不同元素的原子有不同的原子光谱?

2. 试从 $[Fe(CN)_6]^{4-}$ 的结构分析 $K_3[Fe(CN)_6]$ 的磁性。

3. 影响离子极化力和变形性的因素有哪些?离子极化作用对物质的键型、物质的颜色、溶解度有何影响?

实验六　酸碱反应与沉淀反应

一、实验目的

1. 通过实验验证水溶液中的酸碱反应、沉淀反应存在着化学平衡及平衡移动的规则；
2. 学习验证性实验的设计方法；
3. 进一步学习对实验现象进行解释，从实验现象得出结论等逻辑手段。

二、实验原理

1. 按质子理论，酸碱在水溶液中的解离，金属离子、弱酸根离子在水溶液中的水解均为酸碱反应。弱酸、弱碱的解离和金属离子、弱酸根离子的水解均存在着化学平衡。如：一元酸的解离 $HA \rightleftharpoons H^+ + A^-$，其平衡常数称为弱酸的解离常数，记作 $K_{sp}^{\ominus}$，其表达式为：

$$K_a^{\ominus} = \frac{\left[c(H^+)/c^{\ominus}\right]\left[c(A^-)/c^{\ominus}\right]}{c(HA)/c^{\ominus}}$$

解离度：

$$\alpha = \frac{c(H^+)}{c(HA)} = \frac{c(A^-)}{c(HA)}$$

从平衡移动的观点可以了解当溶液增加 $c(A^-)$ 或 $c(H^+)$，使平衡向左移动，使弱酸的解离度降低，即当增加 $c(H^+)$，则 $c(A^-)$ 降低，当增加 $c(A^-)$，则 $c(H^+)$ 降低。

金属离子与水的酸碱反应，即水解反应，就像多元酸的解离是分步进行的。例如 $Al^{3+}(aq)$ 的水解：

$$Al^{3+}(aq) + H_2O \rightleftharpoons Al(OH)^{2+}(aq) + H^+(aq)$$

$$Al(OH)^{2+}(aq) + H_2O \rightleftharpoons Al(OH)_2^+(aq) + H^+(aq)$$

$$Al(OH)_2^+(aq) + H_2O \rightleftharpoons Al(OH)_3(s) + H^+(aq)$$

值得注意的是，有的金属离子的水解，并不是要水解到相应的氢氧化物才生成沉淀，而是水解到某一中间步骤，就生成了碱式盐沉淀。如 $Sb^{3+}(aq)$ 的水解：

第一步：$Sb^{3+}(aq) + H_2O \rightleftharpoons Sb(OH)^{2+}(aq) + H^+(aq)$

第二步：$Sb(OH)^{2+}(aq) + Cl^- \rightleftharpoons SbOCl(s) + H^+(aq)$

这类反应同样也存在平衡，增大溶液中 $c(H^+)$，可抑制水解；减小溶液中 $c(H^+)$（增加 pH 值），则可促进水解。

一般来说，酸碱反应的速率是相当快的，极易到达平衡。所以从平衡角度来考察这类反应就行了。

2. 难溶电解质在水溶液中存在着溶解沉淀平衡。对于难溶的 AB 型电解质，有下列平衡：

$$AB(s) \rightleftharpoons A^{n+}(aq) + B^{n-}(aq)$$

其平衡常数称为溶度积，记作 $K_{sp}^{\ominus}(AB)$。当溶液离子积 $Q = \left[c(A^{n+})/c^{\ominus}\right]\left[c(B^{n-})/c^{\ominus}\right]$ 大于 $K_{sp}^{\ominus}(AB)$ 时，反应向逆方向进行，生成沉淀。当 Q 小于 $K_{sp}^{\ominus}(AB)$ 时反应向正方向进行，沉淀溶解。当 Q 等于 $K_{sp}^{\ominus}(AB)$ 时，该溶液是难溶物的饱和溶液。

当一混合溶液中几种离子均可与同一物种生成沉淀时，滴加该物种的溶液，则先生成的沉淀是该离子的浓度与溶液中沉淀剂浓度乘积先达到 $K_{sp}^{\ominus}$ 的离子。例如溶液中含有 Cu^{2+}、Cd^{2+}，当滴加 Na_2S 溶液时，哪个离子先生成硫化物沉淀呢？可先做下列平衡计算：

设溶液 Cu^{2+} 与 Cd^{2+} 浓度均为 $0.1mol \cdot L^{-1}$，并取等体积的 Cu^{2+}、Cd^{2+} 溶液混合均匀，查 $K_{sp}^{\ominus}$ 有：

$$K_{sp}^{\ominus}(CuS)=6.3\times10^{-36}, \quad K_{sp}^{\ominus}(CdS)=8.0\times10^{-27}$$

生成 CuS 的条件： $\quad Q=[c(Cu^{2+})/c^{\ominus}][c(S^{2-})/c^{\ominus}]\geqslant K_{sp}^{\ominus}(CuS)$

则 $c(S^{2-})\geqslant 1.3\times10^{-34}mol \cdot L^{-1}$。

生成 CdS 的条件： $\quad Q=[c(Cd^{2+})/c^{\ominus}][c(S^{2-})/c^{\ominus}]\geqslant K_{sp}^{\ominus}(CdS)$

则 $c(S^{2-})\geqslant 1.6\times10^{-25}mol \cdot L^{-1}$。

由此可知，当滴加 Na_2S 溶液时，混合溶液中 Cu^{2+} 先与 Na_2S 作用生成 CuS 沉淀。再考虑当 CdS 开始沉淀时，溶液中残留的 Cu^{2+} 浓度为多少？

从上述计算已知，CdS 开始沉淀时，溶液中 $c(S^{2-})\geqslant 1.6\times10^{-25}mol \cdot L^{-1}$。则与此 $c(S^{2-})$ 达到平衡的 $c(Cu^{2+})$ 为：

$$c(Cu^{2+})=\frac{K_{sp}(CuS)c^{\ominus}}{c(S^{2-})c^{\ominus}}=\frac{6.3\times10^{-36}}{1.6\times10^{-25}}mol \cdot L^{-1}=3.9\times10^{-11}mol \cdot L^{-1}$$

即溶液中的 Cu^{2+} 应视为完全沉淀。

这样似乎可以得出结论，用 Na_2S 作为沉淀剂可将的 Cu^{2+}、Cd^{2+} 完全分离。但实验发现并非如此，在 CuS 沉淀中夹带有 CdS 沉淀。滴加 Na_2S 时，虽然有搅拌，但由于 $c(S^{2-})\geqslant 1.6\times10^{-25}mol \cdot L^{-1}$，所以在局部区域中 CuS 与 CdS 同时生成，但只要溶液中还有 Cu^{2+}，则会发生如下反应：

$$CdS(s) + Cu^{2+}(aq) \Longrightarrow Cd^{2+}(aq) + CuS(s)$$

而这个反应的总反应速率不大（可能由于包藏的原因），当不断滴加 Na_2S 时又不断有 CdS 生成，所以在 CuS 沉淀中总有 CdS 沉淀。现在出现两个问题：

（1）平衡计算有没有用？平衡计算是根据给定反应条件（温度、浓度、压力等），计算出其平衡状态。平衡状态是该反应在给定条件下可进行限度——最大程度。不是每一个反应在给定条件下都能达到平衡状态的。当反应进行得比较好，反应进行的实际程度比较接近限度。若反应进行得不太好，反应实际进行的程度离限度远一些。所以限度是一目标。要不断改进反应条件（动力学条件）使反应尽可能接近限度。

（2）怎样改善反应条件、操作方法，使得尽可能接近反应的限度呢？理论上讲是怎样改善操作方法，使尽量达到平衡状态，也就是怎样加快反应速率。

加快反应速率首先要判别反应的类别——均相反应、多相反应。对于多相反应来说，加快扩散速率、增加反应界面可加快反应的总反应速率。在实验中增加扩散速率和增加反应界面最有效的办法之一是增加搅拌强度，即加强搅拌。

实验证明，加强搅拌可以减少 CuS 中混有的 CdS。

三、仪器与试剂

1. 仪器及实验用品

离心试管，试管，离心机，玻棒，点滴板，胶头滴管。

2. 试剂

酸： $\quad$ HAc($0.1mol \cdot L^{-1}$) $\qquad\qquad$ HCl($0.1mol \cdot L^{-1}$)

	HCl(2mol·L^{-1}，浓)	
碱：	NH$_3$·H$_2$O(0.1mol·L^{-1})	NH$_3$·H$_2$O(2mol·L^{-1})
	NaOH(0.1mol·L^{-1})	
盐：	AgNO$_3$(0.1mol·L^{-1})	CdSO$_4$(0.1mol·L^{-1})
	CuSO$_4$(0.1mol·L^{-1})	KI(1×10^{-3}mol·L^{-1}，0.1mol·L^{-1})
	K$_2$CrO$_4$(0.1mol·L^{-1})	MgSO$_4$(0.1mol·L^{-1})
	NaAc(0.1mol·L^{-1})	NaCl(0.1mol·L^{-1})
	Na$_2$S(0.1mol·L^{-1})	PbCl$_2$(饱和)
	Pb(NO$_3$)$_2$(1×10^{-3}mol·L^{-1})	Pb(NO$_3$)$_2$(0.1mol·L^{-1})
	SbCl$_3$(0.1mol·L^{-1})	
其他：	甲基橙(0.05%)	酚酞(0.1%)
	pH 试纸	NaAc(固体)
	NH$_4$Cl(固体)	NaCl(固体)

四、实验内容

1. 弱酸解离的同离子效应

在两支试管中各加入 1mL 0.1mol·L^{-1} HAc，再各加 1 滴甲基橙，观察溶液的颜色。于其中一支试管中加少量固体 NaAc，用玻棒搅拌，待 NaAc 溶解，对比溶液的颜色。解释颜色变化的原因。

2. 难溶电解质的同离子效应

取 2 滴饱和 PbCl$_2$ 溶液于一试管中，滴加 2.0mol·L^{-1} HCl 溶液至出现白色沉淀，再滴加浓 HCl 至沉淀消失。此时生成了可溶性的 H$_2$[PbCl$_4$](aq)。

解释沉淀的生成，并从沉淀溶解得出结论。

3. 沉淀的生成

在一支试管中加入 1.0mL 0.1mol·L^{-1} Pb(NO$_3$)$_2$ 溶液，再滴加 1.0mL 0.1mol·L^{-1} KI 溶液，观察实验现象。

在另一支试管中滴加入 1.0mL 1×10^{-3}mol·L^{-1} Pb(NO$_3$)$_2$ 溶液，再滴加 1.0mL 1×10^{-3}mol·L^{-1} KI 溶液，观察实验现象。

根据 $K_{sp}^{\ominus}$(PbI$_2$)，通过计算解释实验现象。计算时应注意体积增大对离子浓度的影响。

4. 沉淀溶解

在试管中加入 10 滴 0.1mol·L^{-1} MgSO$_4$ 溶液，逐滴加入 2mol·L^{-1} NH$_3$·H$_2$O，观察沉淀生成，写出离子反应方程式。再向此溶液中加入少量 NH$_4$Cl(固体)，振荡，观察沉淀的变化。解释沉淀变化的原因。

5. 分步沉淀

在离心试管中加入 5 滴 0.1mol·L^{-1} CuSO$_4$ 溶液和 5 滴 0.1mol·L^{-1} CdSO$_4$ 溶液，再加入 10 滴去离子水，搅拌均匀。逐滴加入 0.1mol·L^{-1} Na$_2$S 溶液(注意每加一滴 Na$_2$S 都要搅拌均匀)，观察生成沉淀的颜色。当加入 5 滴 Na$_2$S 后，离心分离。再在清液中加 1 滴 0.1mol·L^{-1} Na$_2$S，观察生成沉淀的颜色。若此时生成的仍是土色沉淀，则充分搅拌，再离心分离，依此操作直至清液中加 1 滴 0.1mol·L^{-1} Na$_2$S 溶液，出现纯黄色沉淀为止。记录所加 0.1mol·L^{-1} Na$_2$S 的滴数。

估算把溶液中 Cu^{2+} 完全沉淀为 CuS，所需 $0.1mol \cdot L^{-1}$ Na_2S 的滴数，解释实际加入滴数大于估算滴数的原因。推测若要使实际加入滴数接近于估算滴数应如何操作？

注：CuS 呈黑色，CdS 呈黄色，实验中观察到的土色是黑色与黄色的混合色。

6. 盐的水解

取一支干试管，加入 2 滴 $0.1mol \cdot L^{-1}$ $SbCl_3$ 溶液，再加入 $1mL$ 去离子水，观察现象。再加入 $1 \sim 2$ 滴浓盐酸，又有何现象发生？解释现象。

注：Sb^{3+} 的水解得到的沉淀为 $SbOCl$。

设计实验：

7. 设计证实"同离子效应使氨水解离出的 OH^- 浓度降低"的实验步骤，并以实验证实设计步骤的正确

给定试剂：$0.1mol \cdot L^{-1}$ $NaOH$，$0.1mol \cdot L^{-1}$ $NH_3 \cdot H_2O$，NH_4Cl 固体，甲基橙，酚酞。

在设计实验步骤时，只允许用上述试剂，但不一定全部用上。

8. 缓冲溶液的配制及缓冲性能的鉴别

设计两个或两个以上的配制 pH 值为 $4 \sim 5$ 的缓冲溶液的实验方案。所配的缓冲溶液体积为 $5mL$。

在配制的缓冲溶液中必须有一个缓冲溶液用 $0.1mol \cdot L^{-1}$ $NaOH$ 溶液配制。

用 pH 试纸测定所配制的缓冲溶液的 pH 值，与理论计算结果比较。并分别检验所配制的缓冲溶液抵御酸、碱的能力。

给定试剂：$0.1mol \cdot L^{-1}$ HAc，$0.1mol \cdot L^{-1}$ HCl，$0.1mol \cdot L^{-1}$ $NaOH$，$0.1mol \cdot L^{-1}$ $NaAc$，pH 试纸。

9. 沉淀转化

设计 $AgCl$ 与 Ag_2CrO_4 沉淀间的转化，证实沉淀转化反应的方向是溶解度大的沉淀转化成溶解度小的沉淀。

给定试剂：$0.1mol \cdot L^{-1}$ $AgNO_3$，$0.1mol \cdot L^{-1}$ $NaCl$，$0.1mol \cdot L^{-1}$ K_2CrO_4。

设计前考虑问题：

（1）计算反应 $Ag_2CrO_4 + 2Cl^- \Longrightarrow 2AgCl\downarrow + CrO_4^{2-}$ 的平衡常数。并估计是 Ag_2CrO_4 易转化为 $AgCl$？还是 $AgCl$ 易转化为 Ag_2CrO_4？

从平衡常数大小说明体系中有过量的 CrO_4^{2-} 对 Ag_2CrO_4 转化为 $AgCl$ 有无影响？

（2）当 Ag_2CrO_4（砖红色）沉淀转化为 $AgCl$（白色）沉淀时，可观察到哪些实验现象？怎样选取 $AgNO_3$ 与 K_2CrO_4 的体积，才能保证预测的实验现象均能观察到？

五、思考题

1. 缓冲溶液的缓冲能力大小与哪些因素有关？

2. 沉淀的先后顺序是由什么因素决定的？

实验七　氧化还原与金属表面处理技术

一、实验目的

1. 简单了解电镀、化学镀的一般原理；
2. 了解金属转化层发蓝、磷化的一般方法；
3. 了解一些腐蚀的应用。

二、实验原理

1. 化学镀

化学镀是在没有电流通过时，用还原剂将需镀的金属离子在金属（或非金属）表面上还原成金属镀层的过程。

化学镀可以在不规则的金属表面上产生均匀镀层，也可以在经粗化、敏化、活化处理的非金属及绝缘材料上镀覆。

化学镀不仅可以精饰金属及非金属表面，同时还使材料表面上具有许多功能特性，如提高金属的抗蚀性、耐磨性和可焊性等，使非金属材料导电、导热等。

一般在具有催化活性的金属（Fe、Co、Ni 等）表面上可直接得到金属镀层。非催化活性金属（Cu）可采用铁件诱发（如铁丝与黄铜制件表面接触，约 60s）。

本实验是在黄铜片的表面上进行化学镀镍，用柠檬酸等与 Ni^{2+} 形成配合物，控制 Ni^{2+} 的浓度基本维持不变，以 $NaH_2PO_2 \cdot H_2O$ 为还原剂，在酸性溶液中可以得到光亮均匀、附着力较好的镍镀层。其离子反应方程式为：

$$Ni^{2+} + H_2PO_2^- + H_2O \longrightarrow H_2PO_3^- + 2H^+ + Ni$$

2. 电镀

利用直流电源把一种金属覆盖到另一种金属表面的过程叫电镀。通常把待镀零件作为阴极，镀层金属作为阳极，置于适当的电解液中进行电镀。在阴极上进行还原反应可得到所需的金属镀层，在阳极上进行氧化反应。电镀时应在适当电压下控制电流密度。本实验采用焦磷酸盐电镀铜，以铜片作为阳极，铁片作为阴极，以焦磷酸盐与 Cu^{2+} 形成配合物，控制 Cu^{2+} 的浓度基本不变，控制电流密度在 $0.6A \cdot dm^{-2}$ 左右。在铁片上可以得到光亮均匀、附着力强的铜镀层。

3. 磷化

磷化是金属在磷化液中，一定条件下表面生成一层具有特殊性能的不溶性磷酸盐的过程。磷化广泛应用于防护、抗磨损、电绝缘、润滑等方面。由于磷化提供齿状表面，所以磷化膜是最常用的涂漆底层。

磷化液是由酸式磷酸盐［如 $Zn(H_2PO_4)_2$］及各种添加剂（氧化剂、配合剂等）复配而成的。在酸式磷酸盐中，阳极区金属被氧化成离子（$Fe - 2e^- \longrightarrow Fe^{2+}$），阴极区 H^+ 被还原（$2H^+ + 2e^- \longrightarrow H_2$），pH 值升高，引起磷酸盐沉积。例如：$3Zn(H_2PO_4)_2 \longrightarrow Zn_3(PO_4)_2 \downarrow + 4H_3PO_4$。

为使磷化顺利进行，必须维持一定的游离酸度和总酸度。

游离酸度：用 $0.1mol \cdot L^{-1}$ NaOH 标准溶液，以甲基橙为指示剂，滴定 10mL 磷化液（加 50mL 蒸馏水稀释）至黄色为终点，所用去的 NaOH 溶液的毫升数为游离酸度，以"滴"

或"点"表示。总酸度：用 $0.1mol \cdot L^{-1}$ NaOH 标准溶液，以酚酞为指示剂，滴定 10mL 磷化液（加 50mL 蒸馏水稀释）至粉红色，所消耗的 NaOH 溶液的毫升数即为总酸度，一般以"滴"或"点"表示。

4. 发蓝

某些金属在强氧化剂（$NaNO_2$、$NaNO_3$）作用下，由于表面形成致密的保护膜而阻止进一步腐蚀。例如，钢铁经化学氧化法氧化处理后，表面生成一层均匀而稳定的氧化膜，它具有黑色、蓝色或棕黑色的光彩。这种处理方法称为"发蓝"。此膜既能防锈，又精饰了金属的表面，由于膜层较薄，所以不影响零件的尺寸。

本实验是把处理干净的铁片放在含有 NaOH、$NaNO_2$、$NaNO_3$ 的发蓝液中进行氧化处理。在铁片表面上得到的氧化膜是由磁性氧化铁（Fe_3O_4）组成的。可能的化学反应为：

$$3Fe + NaNO_2 + 5NaOH \longrightarrow 3Na_2FeO_2 + H_2O + NH_3$$

$$6Na_2FeO_2 + NaNO_2 + 5H_2O \longrightarrow 3Na_2Fe_2O_4 + NH_3 + 7NaOH$$

$$Na_2FeO_2 + Na_2Fe_2O_4 + 2H_2O \longrightarrow Fe_3O_4 \downarrow + 4NaOH$$

5. 腐蚀的应用

金属被腐蚀给生产带来很大损失，但金属腐蚀也可以应用于生产中。例如，铝电解电容器的生产中，为增加铝箔的表面积，将铝箔进行电化学腐蚀。印刷电路板的制作，是在敷铜板上先用照相复印的方法将线路印在铜箔上，然后将图形以外不受感光胶保护的铜用 $FeCl_3$ 溶液腐蚀。机器、仪表上铭牌的制作，是把需要的字迹用保护层保护起来，不需要部分用 $FeCl_3$ 溶液进行合理腐蚀，然后去掉保护层，可得到字迹清晰的铭牌。

$$Al + 3FeCl_3 \longrightarrow 3FeCl_2 + AlCl_3$$

三、仪器与试剂

1. 仪器及实验用品

烧杯（100mL、125mL、250mL），量筒（100mL），铁片，铜片，铝片，滤纸，砂纸，恒温水浴槽，直流稳压电源。

2. 试剂

化学镀镍液：$NiSO_4$（$35g \cdot L^{-1}$），NaAc（$15g \cdot L^{-1}$），柠檬酸钠（$5g \cdot L^{-1}$），H_2SO_4（$2mol \cdot L^{-1}$，15mL），NaH_2PO_4（$20g \cdot L^{-1}$）。

焦磷酸盐电镀铜液：$Cu_2P_2O_7$（$60 \sim 70g \cdot L^{-1}$），$K_4P_2O_7$（$280 \sim 300g \cdot L^{-1}$），$(NH_4)_3C_6H_5O_7$（$10g \cdot L^{-1}$），$Na_2HPO_4$（$20 \sim 30g \cdot L^{-1}$），电镀液的 pH 值为 $8 \sim 8.5$。

磷化液：ZnO（$8.2g \cdot L^{-1}$），85% H_3PO_4（$7.75g \cdot L^{-1}$），65% HNO_3（$70g \cdot L^{-1}$），$CaCO_3$（$35g \cdot L^{-1}$），柠檬酸（$4g \cdot L^{-1}$），$Ni(NO_3)_2 \cdot 6H_2O$（$1g \cdot L^{-1}$），$NaNO_2$（$0.28g \cdot L^{-1}$），游离酸（4点~6点）。

发蓝溶液：NaOH（40%），$NaNO_2$（7.5%），$NaNO_3$（2.5%），H_2O（50%）。

其他试剂：HCl（$6mol \cdot L^{-1}$），NaOH（$2mol \cdot L^{-1}$），$K_2Cr_2O_7$（$50g \cdot L^{-1}$），C_2H_5OH，$FeCl_3$，$CuSO_4$，$NaH_2PO_2 \cdot H_2O$。

四、实验内容

1. 铜和黄铜上的化学镀镍

取 80mL 含镍镀液放入干净的 100mL 小烧杯中，然后加入 1.6g 次磷酸钠，待搅拌溶解后放在恒温水浴槽中。将经过化学抛光的黄铜片放在上述小烧杯中，在 86℃(用铁丝接触黄铜片约 60s)下镀覆 10min 左右可出现光亮的镀镍层。

2. 焦磷酸盐电镀铜

取电镀液约 100mL，放入 250mL 烧杯内(烧杯作为电镀槽)，以铜片作为阳极，铁片作为阴极(铁片预先用砂纸打磨光亮，再用 6mol·L^{-1} HCl 除锈，清水洗净后放入 2mol·L^{-1} NaOH 溶液中加热除油，清水洗净，用碎滤纸吸干)。接通电源(控制电流密度在 0.6A·dm^{-2}左右)后，把镀片挂在电镀槽阴极上，电镀 7～10min，切断电源，取出镀件并用水冲净，用滤纸吸干。回收电镀液及铜阳极。

3. 磷化

在 125mL 小烧杯中放入约 80～100mL 磷化液，于恒温槽中加热至 60～70℃后，将经除油、除锈的干净钢片放入磷化液中，在 60～70℃下磷化约 15min 左右，待生成黑色或灰色磷化膜后取出钢片。将钢片冲洗干净后放入 80～90℃的 K$_2$Cr$_2$O$_7$(50g·L^{-1})溶液中钝化 5min，取出用水冲洗、风干。

15～25℃时，在磷化钢片的表面上滴一滴如下组成的溶液，如在 1min 内液滴不变成淡黄色或淡红色，视为合格。其溶液的配方是：41g·L^{-1} CuSO$_4$·5H$_2$O，35g·L^{-1} NaCl，13mL 0.1mol·L^{-1} HCl。

厚膜＞5min，中等膜＞2min，薄膜 1min。

钢片磷化工艺：除油→水洗→酸浸→水洗→磷化→水洗→钝化→水洗→烘干等。

4. 发蓝

(1) 取一铁片，先用砂纸除锈(必要时再用稀 HCl 洗)，然后放入盛有 2mol·L^{-1} NaOH 的烧杯中加热除油，直到铁片上能全部被水润湿为止(即无油迹，约需 2～3min)，再用水冲洗。

(2) 将除油后的铁片放入实验室已准备好的盛有发蓝溶液的装置中(要求发蓝溶液沸腾的温度控制在 140～145℃)，加热 10min 后，取出铁片并用水冲洗。

(3) 在经发蓝处理后的铁片上滴加 2 滴 CuSO$_4$ 溶液，并在一片未经发蓝处理的铁片上也滴加 2 滴 CuSO$_4$ 溶液。比较红色斑点出现所需时间，以衡量钝化膜的防锈能力。

5. 金属腐蚀的应用

(1) 取一小片铝，用油漆在上面涂写字样，待干后用毛刷将 FeCl$_3$ 溶液在铝片上多次轻轻刷洗(注意不要将铝片浸入 FeCl$_3$ 溶液中，为什么?)后，用自来水冲洗，再用 2mol·L^{-1} NaOH 溶液刷洗，然后用冷水冲洗，最后用乙醇溶液清洗铝片上的油漆。

(2) 取已用油漆画好线路的敷铜板，放入盛有 FeCl$_3$ 溶液的容器中。如温度较低，可将容器微热，使 FeCl$_3$ 溶液温度不超过 50℃。轻轻摇荡容器，约 7～10min 取出线路板，用自来水冲洗，然后放入热碱液中清洗，即可清除板上的油漆，再用水清洗。

五、思考题

1. 电镀、化学镀的基本原理是什么?
2. 能否直接用 CuSO$_4$ 溶液电镀铜，用 NiSO$_4$ 直接化学镀镍? 为什么?
3. 为什么金属在电镀、化学镀、磷化、发蓝前表面要预处理?

实验八　无机化合物与无机化学反应

一、实验目的

1. 了解过渡金属元素水合离子的颜色；
2. 了解过渡金属元素氢氧化物的酸碱性递变规律；
3. 了解过渡金属元素的多种氧化数及常见化合物的氧化还原性；
4. 了解 Sn、Sb、Bi 的氯化物水解性。

二、实验原理

1. 过渡元素水合离子的颜色

多数过渡金属元素的水合离子，不论处于低氧化态（+1，+2，+3）还是处于高氧化态（+4 及 +4 以上）时，一般都具有特征颜色。例如：Cr^{3+} 蓝绿色、CrO_4^{2-} 黄色、$Cr_2O_7^{2-}$ 橙色、Mn^{2+} 浅红色、MnO_4^- 紫红色等。离子有色的原因较复杂，主要是因为它们的离子外层价电子是 d 电子，在 H_2O 或其他配体的作用下，d 轨道分裂，容易产生 d-d 跃迁或是由于电荷传递作用的原因。

2. 氢氧化物的酸碱性

除稀有气体外，其他元素都能生成氧化物。氧化物及其水合物，按它们对酸碱反应的不同，可分为酸性、碱性和两性。在元素周期表中，同一周期从左至右，各主族元素最高价氧化物的水合物的酸性逐渐增强，碱性逐渐减弱。同一族从上到下，相同价态的氧化物的水合物，一般来说，酸性逐渐减弱，碱性逐渐增强。同一元素不同价态的氧化物的水合物，价态较高的酸性较强。

3. 某些化合物的氧化还原性

同一种过渡元素可以形成多种氧化数的化合物，在一定条件下，不同氧化数的化合物可相互转化，体现出氧化性和还原性。一般单质和具有较低氧化数的化合物如 Cr(Ⅲ)、Mn(Ⅱ)等都有还原性；而具有较高氧化数的化合物如 Cr(Ⅵ)、Mn(Ⅶ)等都具有氧化性。介质的酸碱性也会对化合物的氧化还原性产生影响。如 Cr(Ⅲ)在碱性介质中有强还原性，可被 H_2O_2 氧化为 CrO_4^{2-}，即

$$2[Cr(OH)_4]^- + 3H_2O_2 + 2OH^- \longrightarrow 2CrO_4^{2-} + 8H_2O$$

Cr(Ⅵ)在酸性介质中主要以 $Cr_2O_7^{2-}$ 形式存在，在碱性介质中主要以 CrO_4^{2-} 形式存在，即铬酸盐溶液中存在下列平衡：

$$2CrO_4^{2-} + 2H^+ \rightleftharpoons 2HCrO_4^- \rightleftharpoons Cr_2O_7^{2-} + H_2O$$

在酸性介质中 Cr(Ⅵ)作为氧化剂，可将 Fe^{2+} 氧化为 Fe^{3+}，本身被还原为 Cr(Ⅲ)：

$$Cr_2O_7^{2-} + 6Fe^{2+} + 14H^+ \longrightarrow 2Cr^{3+} + 6Fe^{3+} + 7H_2O$$

随着介质的不同，同一元素相同氧化数化合物的氧化还原性强弱也不同。例如 Mn(Ⅱ)在碱性介质中还原性较强，空气中的氧即可将 $Mn(OH)_2$（白色）氧化成棕色的 $MnO(OH)_2$ 沉淀：

$$2Mn(OH)_2 + O_2 \longrightarrow 2MnO(OH)_2 \downarrow$$

而 Mn(Ⅱ)在酸性介质中还原性很弱，只有在高酸度和强氧化剂，如过二硫酸铵、铋酸钠的条件下才能被氧化为 MnO_4^-：

$$2Mn^{2+} + 5NaBiO_3 + 14H^+ \longrightarrow 2MnO_4^- + 5Bi^{3+} + 5Na^+ + 7H_2O$$

同一元素较高和较低氧化数的化合物之间也能发生氧化还原反应，得到中间氧化数的化合物，这是锰的化合物的一个特征反应：

$$2MnO_4^- + 3Mn^{2+} + 2H_2O \longrightarrow 5MnO_2 \downarrow + 4H^+$$

$SnCl_2$ 是常用的还原剂，它能将汞盐还原成白色的亚汞盐：

$$2HgCl_2 + SnCl_2 \longrightarrow SnCl_4 + Hg_2Cl_2 \downarrow$$

如果用过量 $SnCl_2$，还可以把 $HgCl_2$ 进一步还原为黑色的金属汞。这一反应既可用来鉴定溶液中的 Sn^{2+}，也可鉴定溶液中的 Hg^{2+}：

$$HgCl_2 + SnCl_2 \longrightarrow SnCl_4 + 2Hg$$

4. 氯化物的水解性

除 Na、K、Ba 等活泼金属的氯化物在水中电离而不水解外，大多数元素的氯化物会发生不同程度的水解，特别是 $SnCl_2$、$SbCl_3$、$BiCl_3$ 与水反应后生成的碱式盐在水或酸性不强的溶液中溶解度很小，以白色沉淀析出。它们的硫酸盐、硝酸盐也有相似的特性，可作为检验亚锡、三价锑或三价铋盐的特性反应。

$$SnCl_2 + H_2O \longrightarrow Sn(OH)Cl \downarrow + HCl$$

$$SbCl_3 + H_2O \longrightarrow SbOCl \downarrow + 2HCl$$

$$BiCl_3 + H_2O \longrightarrow BiOCl \downarrow + 2HCl$$

三、仪器与试剂

1. 仪器及实验用品

烧杯(50mL)，试管，试管架，滴管，量筒(25mL，2 支)，点滴板，洗瓶，玻璃棒，电动离心机(公用)，离心试管，pH 计(公用)。

2. 试剂

酸：$H_2SO_4(1mol \cdot L^{-1})$　　　　　$HCl(2.0mol \cdot L^{-1})$

　　$H_3BO_3(饱和)$　　　　　　　　$HNO_3(6mol \cdot L^{-1})$

碱：$NaOH(2mol \cdot L^{-1}\ 6mol \cdot L^{-1})$

盐：$MgCl_2(0.1mol \cdot L^{-1})$　　　　$AlCl_3(0.1mol \cdot L^{-1})$

　　$CrCl_3(0.1mol \cdot L^{-1})$　　　　$FeSO_4(0.1mol \cdot L^{-1})$

　　$K_2CrO_4(0.1mol \cdot L^{-1})$　　　$MnSO_4(0.1mol \cdot L^{-1})$

　　$Na_2BiO_4(固体)$　　　　　　　$KMnO_4(0.1mol \cdot L^{-1})$

　　$HgCl_2(0.1mol \cdot L^{-1})$　　　　$SnCl_2(0.1mol \cdot L^{-1})$

　　$BiCl_3(0.1mol \cdot L^{-1})$

其他：$H_2O_2(3\%)$

四、实验内容

1. 观察不同离子化合物水溶液的颜色

观察并记录下列化合物水溶液的颜色，并记录在表 2-8 中。

表 2-8　数据记录与处理

化合物	颜色	化合物	颜色	化合物	颜色
$CrCl_3$		$ZnSO_4$		$FeCl_3$	
K_2CrO_4		$MnSO_4$		$CoCl_2$	
$K_2Cr_2O_7$		$KMnSO_4$		$NiSO_4$	
$CuSO_4$		$FeSO_4$		$CdSO_4$	

2. 氢氧化物的酸碱性

向两支试管中分别加入 10 滴的 $0.1mol \cdot L^{-1}$ $MgCl_2$ 和 $0.1mol \cdot L^{-1}$ $AlCl_3$，然后分别加入数滴 $2mol \cdot L^{-1}$ NaOH 溶液，观察沉淀的析出。将每种沉淀分成两份，分别加入 5～10 滴 $2mol \cdot L^{-1}$ HCl 和 $2mol \cdot L^{-1}$ NaOH 溶液，振荡，观察沉淀是否溶解。

用 pH 试纸检验 H_3BO_3 饱和溶液的酸碱性。

通过上述实验，试对 $Mg(OH)_2$、$Al(OH)_3$、H_3BO_3 的酸碱性做出结论。

3. 某些化合物的氧化还原性

(1) 铬的化合物

① 取 1～2 滴 $0.1mol \cdot L^{-1}$ $CrCl_3$ 溶液，滴加 $2mol \cdot L^{-1}$ NaOH 溶液至过量，观察并记录沉淀的生成及溶液的颜色变化，然后加数滴 H_2O_2 溶液，微热，观察溶液颜色的变化，写出离子方程式。

② 取 4～5 滴 K_2CrO_4 溶液，加几滴 $1mol \cdot L^{-1}$ H_2SO_4 酸化，观察颜色变化，再加入 $0.1mol \cdot L^{-1}$ $FeSO_4$ 溶液，观察现象，写出离子方程式。

(2) 锰的化合物

① 取 5 滴 $0.1mol \cdot L^{-1}$ $MnSO_4$ 溶液，加入 1 滴 $6mol \cdot L^{-1}$ NaOH，观察沉淀颜色的变化，再加入 1 滴 3% H_2O_2 充分振荡，观察沉淀颜色变化。

② 取 2 滴 $0.1mol \cdot L^{-1}$ $MnSO_4$ 溶液，加入 1mL $6mol \cdot L^{-1}$ HNO_3，再加少许固体 $NaBiO_3$，振荡(必要时可微热)，观察现象，写出离子反应式。

③ 取 0.5mL $0.1mol \cdot L^{-1}$ 的 $KMnO_4$ 溶液，加入 0.5mL $0.1mol \cdot L^{-1}$ $MnSO_4$，观察现象，写出离子反应式。

提示：实验中凡有 MnO_2 生成的，要及时清洗试管，否则须加少量 HCl 才可洗净。

(3) $SnCl_2$ 的还原性

取 2～3 滴 $0.1mol \cdot L^{-1}$ $HgCl_2$ 溶液，逐滴加入 $0.1mol \cdot L^{-1}$ 的 $SnCl_2$ 溶液，仔细观察沉淀颜色的变化(必要时可放置片刻)，写出离子方程式。

4. 某些氯化物的水解反应

分别往 3 支干燥试管中加入少许 $SnCl_2$、$SbCl_3$ 和 $BiCl_3$ 固体，然后分别加入适量去离子水，观察试管中实验物的变化，用 pH 试纸检验溶液的酸碱性。若在 3 支干燥试管中事先加入少量 $6.0mol \cdot L^{-1}$ HCl 溶液，然后再分别加入少许 $SnCl_2$、$SbCl_3$ 和 $BiCl_3$ 固体及适量去离子水，观察试管中实验物状态的变化。写出反应方程式。

五、注意事项

Cr 及其化合物是有毒的物质，特别是 Cr(Ⅵ)、Cr(Ⅲ)毒性最大。Cr(Ⅵ)不仅对消化道和皮肤有强刺激性，而且有致癌作用；Cr(Ⅲ)是一种蛋白质凝聚剂。Hg 单质、Hg^{2+} 均为剧毒化学品。因此无论 Cr(Ⅲ)或 Cr(Ⅵ)，Hg 单质或 Hg^{2+} 均对人、鱼类、农作物有害。使用时取量要少，实验后废液要倒入指定的废液回收容器内统一处理。

六、思考题

1. 实验室常用的洗液是由重铬酸钾与浓硫酸组成的，如何判别洗液是否失效？为什么？

2. 能否用 $KMnO_4$ 与浓 H_2SO_4 的混合液来作为洗液？为什么？

3. Mn^{2+} 在碱性介质中加入 H_2O_2 制得的棕色沉淀 $MnO(OH)_2$，能溶于硫酸和 H_2O_2 溶液，试问两次加入 H_2O_2 的作用是什么？

实验九　配位化合物的生成与性质

一、实验目的

1. 通过实验了解配离子的组成结构及其在水溶液中的性质；
2. 了解配离子的相对稳定性，了解浓度、酸度对配位平衡的影响；
3. 了解配位平衡和其他化学平衡之间的联系和相互转化条件。

二、实验原理

1. 配位化合物基本知识

配位化合物是由一定数目的离子或分子和原子或离子(中心原子)以配位键相结合，按一定的组成和空间构型所形成的化合物。与中心离子直接相连原子的叫配位原子，配体个数称为配位数。配合物有阳离子型，如$[Ag(NH_3)_2]^+$；阴离子型，如$[FeF_6]^{3-}$；中性配合物，如$[Pt(NH_3)_2]Cl_2$三类。

2. 配位化合物常见的配位原子、配位体和中心离子

F、Cl、Br、I、O、S、N、C 等非金属元素原子都可作为配位原子。下面为由这些配位原子形成的常见配体：

配位原子	配体
卤素	F^-，Cl^-，Br^-，I^-
氧	H_2O，ONO^-(亚硝酸根)，$C_2O_4^{2-}$
氮	NH_3，NCS^-(异硫氰根)
碳	CO，CN^-
硫	SCN^-，$S_2O_3^{2-}$

在元素周期表中几乎所有的金属元素都可以作为配合物的中心原子，但生成配合物的能力不同。在周期表中，两端的元素表现得较弱，尤其是碱金属、碱土金属，一般只能形成少数稳定螯合物，位于中部的元素能力最强，特别是第Ⅷ族元素以及与其相邻的 Cu、Mn、Cr 等副族元素。

3. 简单配合物的命名方法

给配位个体命名时，配体名称列在中心原子之前，不同配体名称之前以中圆点(·)分开，在最后一个配体名称之后缀以"合"字。若配合物为配阳离子(如$[Cu(NH_3)_4]^{2+}$)化合物，则命名时阴离子在前，阳离子在后，这与无机盐的命名一样；若为配阴离子化合物(如$[Ag(CN)_2]^-$)，则在配阴离子与外界阳离子之前用"酸"字连接。若外界为氢离子，则在配阴离子之后缀以"酸"字。

例如：

(1) $K[PtCl_3(NH_3)]$，三氯·氨合铂(Ⅱ)酸钾。

(2) $[Co(NH_3)_5(H_2O)]Cl_3$，三氯化五氨一水合钴(Ⅲ)或三氯化五氨·一水合钴(Ⅲ)。

配体个数用倍数词头二、三、四等数字表示。用罗马数字表示中心原子的氧化数。用阿拉伯数字表示配离子的电荷数。配体中要先列出阴离子的名称，后列中性分子的名称。同类配体的名称，按配位原子元素符号的英文字母顺序排列，如在例(2)中，两个配体都为中性分子，配位原子为 N 和 O，所以 NH_3 排在前面。

4. 配位反应的某些特征及应用

另一个重要现象为配位反应发生时，产生沉淀或沉淀溶解，并且许多沉淀由于配离子的形成而溶解，例如：Fe^{3+} 与 SCN^- 反应时，很少的 Fe^{3+} 存在时，溶液颜色就会变成深红色。

$$Fe^{3+} + nSCN^- \Longrightarrow [Fe(SCN)_n]^{3-n}$$

丁二肟与镍离子在弱碱性条件下反应，生成具有环状结构的螯合物为极难溶红色沉淀。

$$AgCN + CN^- \Longrightarrow [Ag(CN)_2]^-$$

$$BiI_3 + I^- \Longrightarrow [BiI_4]^-$$

利用上述现象可以进行物质的分析、分离。

5. 配合物的稳定性

配离子在水溶液中有一定的稳定性，存在配位平衡与解离平衡。如：

$$[Cu(NH_3)_4]^{2+} \Longrightarrow Cu^{2+} + 4NH_3$$

$$K_{不稳} = \frac{[Cu^{2+}][NH_3]^4}{[Cu(NH_3)_4^{2+}]}$$

$K_{不稳}$ 为配合物的不稳定常数。$K_稳$ 为 $K_{不稳}$ 的倒数，一般用 $\lg K_稳$ 表示配合物稳定性大小。配位平衡也是一种化学平衡，外界条件的改变也会使平衡移动，因此，配离子的稳定性也只是相对的。

6. 配位平衡的移动

若金属离子 M^{m+} 和配体 L^- 形成配离子 $[ML_n]^{(m-n)}$，在水溶液中产生如下解离平衡。

$$[ML_n]^{(m-n)} \Longrightarrow M^{m+} + nL^-$$

根据平衡移动原理，改变 M^{m+} 或 L^- 的浓度，会使上述平衡发生移动；同时当外界条件发生改变时(如改变溶液中酸碱度，加入沉淀剂、氧化剂、还原剂、络合剂等)，使其生成更难溶物质、更稳定的配离子、或使其氧化态发生改变等。都会使配位平衡移动，从而使配离子解离。例如：

三、仪器与试剂

1. 仪器及实验用品

离心机，试管，试管夹，试管架，玻璃棒，胶头滴管。

2. 试剂

酸：$H_2SO_4(1mol \cdot L^{-1})$。

碱：$NH_3 \cdot H_2O(2mol \cdot L^{-1}, 6mol \cdot L^{-1})$，$NaOH(0.1mol \cdot L^{-1}, 2mol \cdot L^{-1})NaOH$。

盐：$AgNO_3(0.1mol \cdot L^{-1})$，$BaCl_2(0.1mol \cdot L^{-1})$，$CrCl_3(0.1mol \cdot L^{-1})$，$CoCl_2$($0.1mol \cdot L^{-1}$)，$CuSO_4(0.1mol \cdot L^{-1})$，$FeCl_3(0.1mol \cdot L^{-1})$，$CoCl_2(0.5mol \cdot L^{-1})$，$KBr$($0.1mol \cdot L^{-1}$)，$KI(0.1mol \cdot L^{-1})$，$K_3[Fe(CN)_6](0.1mol \cdot L^{-1})$，$KSCN(0.1mol \cdot$ $L^{-1})$，$NaCl(0.1mol \cdot L^{-1})$，$Na_2S(0.1mol \cdot L^{-1})$，$Na_2S_2O_3(0.1mol \cdot L^{-1})$，$NH_4F$($0.1mol \cdot L^{-1}$)，$NH_4F(2.0mol \cdot L^{-1})$，$NH_4Fe(SO_4)_2(0.1mol \cdot L^{-1})$，$NiSO_4(0.1mol \cdot$ $L^{-1})$，$NiCl_2(0.1mol \cdot L^{-1})$。

其他：$EDTA(0.1mol \cdot L^{-1})$，淀粉溶液($0.5\%$)，$Na_2C_2O_4$(饱和)，KSCN(固体)，正戊醇，丁二酮肟溶液(1%)，丙酮。

四、实验内容

1. 配离子的生成与组成

在试管中加入 $1mL$ $0.1mol \cdot L^{-1}$ $CuSO_4$ 溶液，逐滴加入 $2.0mol \cdot L^{-1}$ $NH_3 \cdot H_2O$，观察沉淀的生成和颜色，再继续滴加 $6.0mol \cdot L^{-1}$ $NH_3 \cdot H_2O$ 至沉淀完全溶解，并过量数滴，观察溶液的颜色。将溶液分成三份，第一份，滴加 $0.1mol \cdot L^{-1}$ $BaCl_2$，第二份滴加 $0.1mol \cdot L^{-1}$ $NaOH$，第三份滴加 $0.1mol \cdot L^{-1}$ Na_2S，观察现象。根据实验结果说明配合物的内外界组成。

2. 配离子与复盐的区别

在两支试管中分别取 10 滴 $0.1mol \cdot L^{-1}$ $K_3[Fe(CN)_6]$、$0.1mol \cdot L^{-1}$ $NH_4Fe(SO_4)_2$ 溶液，然后各加入 2 滴 $0.1mol \cdot L^{-1}$ KSCN，观察溶液颜色的变化，解释实验现象。

3. 配离子的稳定性比较

取 1.0 mL $0.1mol \cdot L^{-1}$ $FeCl_3$ 溶液，滴加 $0.1mol \cdot L^{-1}$ KSCN 形成血红色的配合物，分装于 3 支试管内：

(1) 在第一支试管内滴加数滴 $0.1mol \cdot L^{-1}$ NH_4F 溶液；

(2) 在第二支试管内滴加数滴 $0.1mol \cdot L^{-1}$ EDTA 溶液；

(3) 在第三支试管内滴加数滴 $0.1mol \cdot L^{-1}$ NH_4F 溶液至无色后，加入 $0.1mol \cdot L^{-1}$ EDTA 溶液。

观察三支试管内溶液颜色的变化，比较 $[Fe(SCN)_n]^{3-n}$、$[FeY]^-$ 和 $[FeF_6]^{3-}$ 三种配离子的稳定性。

4. 配离子的生成对氧化还原反应的影响

取三支试管分别加入 10 滴 $0.1mol \cdot L^{-1}$ $FeCl_3$ 溶液：

(1) 在第一支试管中加入 2 滴 $0.1mol \cdot L^{-1}$ KI 溶液；

(2) 在第二支试管中加入少量 $2.0mol \cdot L^{-1}$ NH_4F 溶液摇匀后，再加入 2 滴 $0.1mol \cdot L^{-1}$ KI 溶液；

(3) 在第三支试管中加入饱和 $Na_2C_2O_4$ 溶液摇匀后，再加入 2 滴 $0.1mol \cdot L^{-1}$ KI 溶液。然后分别试验各试管中的溶液与 0.5% 的淀粉溶液的反应，看溶液是否变成蓝色。变蓝色，说明有 I_2 生成，无蓝色，则说明没有 I_2 生成。对以上三组实验现象做出解释，并归纳配离子的形成对氧化还原反应的影响。

5. 配离子的生成与沉淀溶解条件

在试管中加入 5 滴 $0.1mol \cdot L^{-1}$ $AgNO_3$ 溶液，加入数滴 $0.1mol \cdot L^{-1}$ NaCl 溶液，观察现象，继续滴加 $6.0mol \cdot L^{-1}$ $NH_3 \cdot H_2O$ 有何变化？待沉淀全部溶解后，再滴加 $0.1mol \cdot L^{-1}$ KBr，观察实验现象，然后加入 $0.1mol \cdot L^{-1}$ $Na_2S_2O_3$ 溶液，又有何变化？再加入 $0.1mol \cdot L^{-1}$ KI 溶液，观察现象。

通过上述实验，总结配离子的生成对沉淀溶解平衡的影响，查阅上述化合物的 K_{sp} 与 $K_{稳}$，总结出沉淀生成和转化的条件。

6. 溶液的酸碱性对配位平衡的影响

在 1mL $0.1mol \cdot L^{-1}$ $NiSO_4$ 溶液中，逐滴加入 $2.0mol \cdot L^{-1}$ $NH_3 \cdot H_2O$，注意观察沉淀的产生，继续滴加 $2.0mol \cdot L^{-1}$ $NH_3 \cdot H_2O$ 至生成的沉淀刚好消失，将溶液分成两份，分别试验此配合物与 $1.0mol \cdot L^{-1}$ H_2SO_4、$2.0mol \cdot L^{-1}$ NaOH 溶液的反应，观察实验现象，并解释。

7. 配合物的水合异构现象

(1) 在一支加有 1mL $0.1mol \cdot L^{-1}$ $CrCl_3$ 溶液的试管中加入 5 滴浓盐酸，加热，观察其受热前后溶液颜色的变化，并解释。

(2) 在一支加有 1mL $0.1mol \cdot L^{-1}$ $CoCl_2$ 溶液的试管中加入 5 滴浓盐酸，加热，观察其受热前后溶液颜色的变化，并解释。

8. 配位反应在分析中的应用

(1) 丁二酮肟检验 Ni^{2+} 在一支试管中加入 $0.1mol \cdot L^{-1}$ $NiCl_2$ 溶液 5 滴，再加入数滴 $6mol \cdot L^{-1}$ $NH_3 \cdot H_2O$ 使溶液 pH 值在 10 左右，然后滴加 1‰丁二酮肟溶液 1~2 滴，观察有何现象。

(2) KSCN 检验 Co^{2+} 取一支试管，加入数滴 $0.5mol \cdot L^{-1}$ $CoCl_2$ 溶液和 $0.1mol \cdot L^{-1}$ KSCN 溶液，再加入等体积丙酮，观察 $[Co(SCN)_4]^{2-}$ 的颜色。

(3) 掩蔽效应 在 Fe^{3+}、Co^{2+} 的混合溶液中(自己配制，注意两种离子的相对浓度应相等或相近)加入固体 KSCN，观察现象。再加 $2.0mol \cdot L^{-1}$ NH_4F 数滴，振荡，观察溶液的颜色变化，再滴加 5~6 滴正戊醇，观察正戊醇层的颜色。

五、思考题

1. 有哪些方法可证明 $[Ag(NH_3)_2]^+$ 配离子溶液中有 Ag^+？

2. 下述两支试管中发生的反应有何不同？

(1) 试管：Fe^{3+} 溶液滴加到 I^- 溶液中。

(2) 试管：Fe^{3+} 溶液滴加到饱和 $(NH_4)_2C_2O_4$ 溶液与 I^- 混合溶液中。

实验十　乙酰水杨酸的合成

一、实验目的

1. 掌握羧酸酯的合成方法；
2. 练习回流、重结晶、抽滤等基本操作。

二、实验原理

乙酰水杨酸，俗称阿司匹林（Aspirin），是生活中常用的药物之一，具有解热、止痛作用，是一种常用的治疗感冒的药物。近年来还发现阿司匹林能抑制血小板凝聚，可防止血栓的形成。

水杨酸是无色针状结晶，熔点 159℃，pK_a 2.98，其酸性比苯甲酸强，其分子内的羟基和羧基都可以进行酯化反应。本实验用乙酸酐对水杨酸的羟基进行酰化制备乙酰水杨酸。

有机反应通常进行得不完全，且伴有副反应。本实验水杨酸在酸性条件下，在生成乙酰水杨酸的同时，水杨酸分子间可以发生缩合生成少量聚合物。

该聚合物不溶于碳酸氢钠，而阿司匹林可以溶在碳酸氢钠溶液中。

通过过滤可以除去高聚物，没有反应的水杨酸可通过重结晶与阿司匹林分离。

在酸性条件下，产品中的水杨酸会与 $FeCl_3$ 反应生成深紫色溶液。重结晶后产品的纯度可用 1% $FeCl_3$ 溶液进行检验。

三、仪器与试剂

1. 仪器及实验用品

水浴装置，圆底烧瓶，烧杯，搅拌装置，真空水泵，抽滤瓶，布氏漏斗。

2. 试剂

水杨酸（A. R.），乙酸酐（A. R.），浓硫酸（98%），三氯化铁（1%）。

四、实验内容

1. 乙酰水杨酸的制备

（1）将 2.0g 水杨酸放入 100mL 圆底烧瓶中，加入 5mL 乙酸酐，然后加入 5 滴浓硫酸，开动磁力搅拌机使原料混合均匀，接入回流冷凝管。

（2）在磁力搅拌条件下，保持 70℃ 左右，水浴加热 30min。

（3）稍冷后，在不断搅拌下倒入 50mL 冰水中，并用冰水浴冷却。

（4）抽滤，并用少量水洗涤结晶，得粗产物。

2. 除副产物

将滤干后所得粗产物转移到烧杯中，加入 6mL 饱和碳酸氢钠溶液，搅拌至无 CO_2 气泡产生，抽滤，保留滤液。

3. 重结晶

将滤液倒入盛有酸液（1mL HCl＋2.5mL 水）的烧杯中，搅拌，用冰水冷却至结晶，抽滤并用少量水洗涤结晶，干燥、称重。

4. 检验产品纯度及计算产率

取几粒重结晶后的产品，溶解后加入几滴硫酸使溶液呈酸性，再加入几滴 1％ $FeCl_3$ 溶液，检验产品纯度。计算产率。

五、注意事项

1. 乙酸酐刺激眼睛，于通风橱内倒试剂，小心操作。

2. 水杨酸是一个双官能团的化合物，反应温度应控制在 70℃ 左右，以防下述副产物的生成。

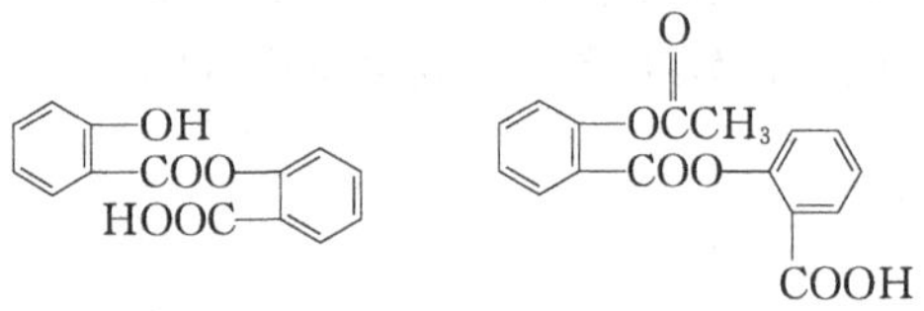

六、思考题

1. 在硫酸存在下，水杨酸与乙醇作用会得到什么产品？

2. 试比较苄醇、苯酚、水杨酸乙酰化的速率。

3. 醇、酚、糖的酯化有什么不同？

实验十一　对乙酰氨基酚的制备

一、实验目的

1. 学会对乙酰氨基酚的制备与提纯方法；
2. 掌握化学制备的基本过程，掌握重结晶法提纯有机固体物质；
3. 掌握熔点的测定方法。

二、实验原理

毫无疑问，化学制备的一个重要应用是药物生产。每年都会有大量的资金投入用于开发新的和更多的有效药物。除此之外，有些最为广泛应用和有效的药物具有较长的研究历史。

扑热息痛，化学名称为对乙酰氨基酚，早在 1878 年就首次被制备出来，但直到 1893 年才发现它的解热镇痛功能，当时，科学家们正致力于制备奎宁的替代品。

1956 年，扑热息痛首次作为处方药推出。自那时起，该药广受欢迎，现在已经成了非处方药。在拥有 6 千万人口的英国，每年会售出 3.2×10^9 片扑热息痛。

扑热息痛是常用的解热镇痛药，临床上用于发热、头痛、神经痛等。有关扑热息痛的制备方法，已经有很多报道。本实验中，将以对氨基苯酚为原料，经乙酸酐酰化反应制得扑热息痛。

$$HO \!-\!\!\!\!\bigcirc\!\!\!\!-\! NH_2 \xrightarrow{(CH_3CO_2)O} HO \!-\!\!\!\!\bigcirc\!\!\!\!-\! NHCOCH_3$$

三、仪器与试剂

1. 仪器及实验用品

水浴锅，恒温式磁力搅拌加热装置，烧杯，吸量管，真空水泵，抽滤瓶，布氏漏斗，熔点测定仪。

2. 试剂

对氨基酚(A. R.)，乙酸酐(A. R.)。

四、实验内容

1. 对乙酰氨基酚的制备

称取 2.75g 对氨基苯酚置于 100mL 烧杯中，将烧杯放置在水浴中，并加入 7mL 纯水。磁力搅拌混合物并用吸量管加入 3mL 乙酸酐。

混合烧杯中的组分并在通风橱中水浴加热 10-15 分钟。让烧杯冷却到室温，粗产品就会从溶液中结晶析出。

2. 精制

进一步在冰水浴中冷却到晶体全部析出，然后用布氏漏斗减压过滤，收集产品。用 5mL 冰水分几次淋洗粗产品。

通过以下步骤进行重结晶。在蒸气浴中，将粗产品完全溶解在 20mL 热水中。在冰水浴中冷却，过滤收集产品。

在空气中晾干，并用两片滤纸进一步吸干重结晶的产品，记录产品质量。

3. 熔点测定

测量并记录产品的熔点。

五、思考题

1. 对氨基酚和乙酸酐反应时，为什么要在通风橱中进行？

2. 重结晶时，粗产品加热水的量应注意什么，加太多或太少会有什么影响？

3. 熔点测定时，制样时应注意什么？如果样品含有水分会对熔点的测定产生怎样的影响？

实验十二　高分子材料的合成

一、实验目的

1. 了解高分子材料的基本概念；
2. 了解高分子材料的基本合成步骤。

二、实验原理

本实验通过合成两种聚酯、尼龙和有机玻璃，了解高分子有机物的主要反应形式。这些聚合物代表着工业上一些比较重要的塑料，也代表着主要的聚合物品种：缩聚物（线型聚酯、尼龙）、加聚物（有机玻璃）以及交联聚合物（甘酞聚酯）。

1. 聚酯（涤纶）

线型聚酯由下述反应制成

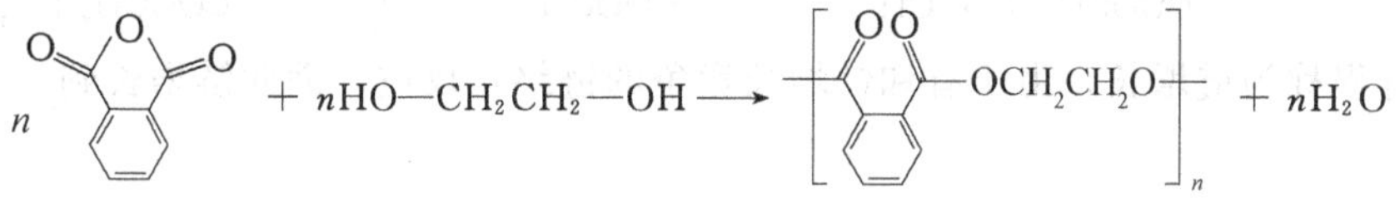

邻苯二甲酸酐　　　　乙二醇　　　　　　线型聚酯

若在单体之一中存在两个以上的官能团，聚合物链可彼此连接起来（交联），形成一种三维骨架。交联的聚合物不再溶解在溶剂中，属于热固性塑料。将上述实验中的乙二醇用甘油（丙三醇）代替，就可以制成称为甘酞树脂的交联聚酯

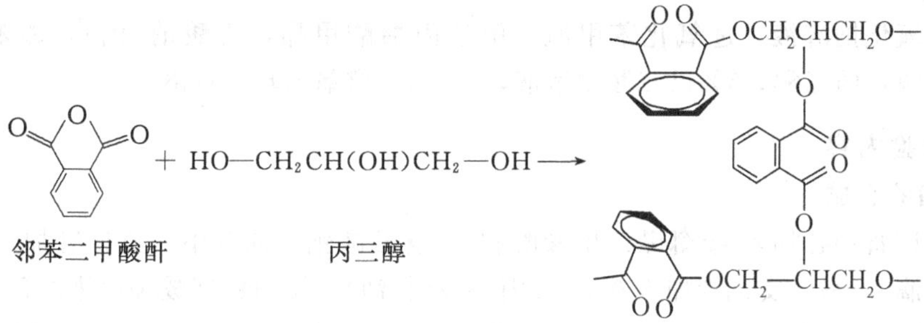

邻苯二甲酸酐　　　　　丙三醇

2. 聚酰胺（尼龙）

工业上，由己二酸和己二胺可以制成广泛应用的尼龙 66，这也是一个缩聚反应。本实验中以己二酰氯代替己二酸，通过一个称为界面聚合的有趣反应，制备尼龙 66。

将酰氯溶于环己烷中，然后将其小心地加至溶解于水中的己二胺中。这些液体不会混溶，形成两层。在两层间的交接处（界面），两种单体会发生聚合反应形成尼龙，这被称为界面聚合。

3. 聚甲基丙烯酸甲酯（有机玻璃）

加聚反应通常需要一个引发过程，合成有机玻璃时，可以用过氧化苯甲酰做引发剂，过氧化苯甲酰在 $80\sim90℃$ 时可以分解产生自由基

$$\text{PhC(O)-O-O-C(O)Ph} \longrightarrow 2\ \text{PhC(O)-O}\cdot$$

自由基用 R·表示，它引发甲基丙烯酸甲酯的聚合反应

$$\text{R}\cdot + \text{H}_2\text{C}=\overset{\text{CH}_3}{\underset{\text{COOCH}_3}{\text{C}}} \longrightarrow \text{R-CH}_2-\overset{\text{CH}_3}{\underset{\text{COOCH}_3}{\text{C}}}\cdot$$

$$\text{R-CH}_2-\overset{\text{CH}_3}{\underset{\text{COOCH}_3}{\text{C}}}\cdot + \text{H}_2\text{C}=\overset{\text{CH}_3}{\underset{\text{COOCH}_3}{\text{C}}} \longrightarrow \text{R-CH}_2-\overset{\text{CH}_3}{\underset{\text{COOCH}_3}{\text{C}}}-\text{CH}_2-\overset{\text{CH}_3}{\underset{\text{COOCH}_3}{\text{C}}}\cdot$$

$$\text{R-CH}_2-\overset{\text{CH}_3}{\underset{\text{COOCH}_3}{\text{C}}}-\text{CH}_2-\overset{\text{CH}_3}{\underset{\text{COOCH}_3}{\text{C}}}\cdot + n\text{H}_2\text{C}=\overset{\text{CH}_3}{\underset{\text{COOCH}_3}{\text{C}}} \longrightarrow \text{R}\left[\text{CH}_2-\overset{\text{CH}_3}{\underset{\text{COOCH}_3}{\text{C}}}\right]_{n+1}\overset{\text{CH}_3}{\underset{\text{COOCH}_3}{\text{C}}}\cdot$$

这一过程称为链增长，由于有和链增长竞争的链终止反应，因此链增长到一定程度就会停止。

三、仪器与试剂

1. 仪器及实验用品

试管，酒精灯，50mL 烧杯，镊子，减压过滤装置，500mL 烧杯，水浴，天平，烘干器，10 mL 移液管，玻璃棒。

2. 试剂

20%氢氧化钠溶液，过氧化苯甲酰，甲基丙烯酸甲酯，乙酸钠（固），邻苯二甲酸酐（固），乙二醇，丙三醇，5%己二胺水溶液，5%己二酰氯的环己烷溶液。

四、实验内容

1. 聚酯的合成

在两支试管中各加入 2g 邻苯二甲酸酐和 0.1g 乙酸钠。向其中一支试管加入 0.8mL 乙二醇（约 15 滴），另一支试管加入 0.8mL 丙三醇（甘油）。用酒精灯缓缓加热试管，使溶液产生气泡（由酯化过程脱水所致），一直加热到透明后，再加热 1min 左右。任试管自然冷却，比较两种聚合物的黏度和脆性。

2. 聚酰胺的合成

向 50mL 烧杯内倾入 10mL 5%己二胺水溶液，加入 10 滴 20%氢氧化钠溶液。小心地将 5%己二酰氯的环己烷溶液沿着杯壁倾入溶液中，将会形成两层不相互混溶的溶液，且在液-液界面处立即形成聚合物膜。用一只铜丝钩或镊子抓住聚合物膜的中心，慢慢地提升，使聚酰胺得以不断生成并可拉出近 1m 的一股线。拉得太快时线会被拉断。用水将线洗涤几次，放在滤纸上任其干燥。再用玻璃棒将烧杯中剩余部分剧烈搅拌，使两相充分接触、反应形成一些聚合物。快速过滤，洗涤聚合物，观察两种聚合物的差异。

3. 聚甲基丙烯酸甲酯的合成

准备一只 500mL 的烧杯，加入约 1/2 容积的水，加热至沸，用作水浴。称取 0.05g 干燥的过氧化苯甲酰，放入清洁而干燥的试管中。然后用移液管往试管中注入 10mL 甲基丙烯

酸甲酯，并将试管放入沸水浴中。用玻璃棒搅拌，使过氧化苯甲酰溶解。停止搅拌，继续加热至试管中的产物变得十分黏稠时，停止加热，往水浴中加入约 100mL 冷水，使水浴温度降至 60～70℃，任其放置到产物变硬(常温下约需 3～4 天)。

五、注意事项

不可将聚酰胺丢入水槽，以免堵塞管道。

六、思考题

1. 加聚反应与缩聚反应有什么不同的特点？
2. 举例说明塑料造成的环境问题，提出你的解决办法。

实验十三 硫酸亚铁铵的制备

一、实验目的

1. 掌握复盐的制备原理与方法;
2. 练习水浴加热、减压过滤、蒸发、浓缩、结晶和干燥等基本操作;
3. 了解目视比色法检验产品质量的方法;
4. 练习使用电热恒温水浴锅。

二、实验原理

硫酸亚铁铵$[(NH_4)_2SO_4 \cdot FeSO_4 \cdot 6H_2O]$是一种复盐,俗称摩尔盐,它是透明、浅蓝绿色单斜晶体,易溶于水而难溶于乙醇等有机溶剂。作为复盐,在空气中比一般亚铁盐稳定。在定量分析中,硫酸亚铁铵常用作氧化还原滴定的基准物质和配制亚铁离子的标准溶液。它在制药、电镀、印刷等工业方面得到广泛应用。

与所有的复盐一样,$(NH_4)_2SO_4 \cdot FeSO_4 \cdot 6H_2O$在水中的溶解度比组成它的任一组分的简单盐$FeSO_4 \cdot 7H_2O$和$(NH_4)_2SO_4$的溶解度都要小,见表2-9。因此,很容易由浓的$FeSO_4 \cdot 7H_2O$和$(NH_4)_2SO_4$的混合溶液经冷却制得结晶状的$(NH_4)_2SO_4 \cdot FeSO_4 \cdot 6H_2O$。

表2-9 几种盐的溶解度数据 $g/100gH_2O$

盐(相对分子质量) 温度/℃	10	20	30	40
$(NH_4)_2SO_4$(132.1)	73.0	75.4	78.0	81.0
$FeSO_4 \cdot 7H_2O$(277.9)	37.0	48.0	60.0	73.3
$(NH_4)_2SO_4 \cdot FeSO_4 \cdot 6H_2O$(392.1)		36.5	45.0	53.0

本实验首先用铁屑与稀硫酸作用,制得硫酸亚铁溶液。反应式为:

$$Fe + H_2SO_4 = FeSO_4 + H_2 \uparrow$$

然后加入等物质的量的硫酸铵制得混合溶液,加热浓缩,冷却至室温,生成溶解度较小的硫酸亚铁铵复盐晶体。反应式为:

$$FeSO_4 + (NH_4)_2SO_4 + 6H_2O = (NH_4)_2SO_4 \cdot FeSO_4 \cdot 6H_2O$$

由于硫酸亚铁在中性溶液中能被溶于水中的少量氧气所氧化并进一步发生水解,甚至析出棕黄色的碱式硫酸铁(或氢氧化铁)沉淀,所以制备过程中溶液应保持足够的酸度。

$$4FeSO_4 + O_2 + 6H_2O = 2[Fe(OH)_2]_2SO_4 + 2H_2SO_4$$

产品的主要杂质是Fe^{3+}。目测比色法是确定杂质含量的一种常用方法,在确定杂质含量后便能定出产品的级别。根据Fe^{3+}与SCN^-形成血红色的配离子$[Fe(SCN)]^{2+}$,用目视比色法可确定产品的等级。按每克产品中的含Fe^{3+}的最高允许量,将硫酸亚铁铵试剂规格分为三级:

Ⅰ级品:每克产品含Fe^{3+} 0.05mg;

Ⅱ级品:每克产品含Fe^{3+} 0.10mg;

Ⅲ级品:每克产品含Fe^{3+} 0.20mg。

将产品按要求配成溶液,与各标准溶液进行比色,如果产品溶液的颜色比某一标准溶液的颜色浅,则说明产品中所含的杂质比这种标准溶液中所含的杂质少,即这种产品的纯度比这种标准溶液高。这三种级别的标准溶液由实验室提供。

三、仪器与试剂

1. 仪器及实验用品

FA2004 电子天平(精度为 0.1mg),电子天平(精度为 0.1g),电热恒温水浴锅,2XZ-2 型循环水式真空泵,布氏漏斗,滤纸,烧杯(150mL、500mL),锥形瓶(150mL),量筒,玻棒,蒸发皿,表面皿,比色管。

2. 试剂

酸:$HCl(2.0mol \cdot L^{-1})$,$H_2SO_4(3.0mol \cdot L^{-1})$。

碱:$NaOH(1.0mol \cdot L^{-1})$。

盐:$Na_2CO_3(1.0mol \cdot L^{-1})$,KSCN(25%)。

其他:铁屑,$(NH_4)_2SO_4$(固体),pH 试纸,乙醇(95%)。

Fe^{3+} 的标准溶液三份(实验室配制):

先配制浓度为 $0.010mg \cdot mL^{-1}$ 的 Fe^{3+} 标准溶液。在三支 25mL 的比色管中,用移液管分别加入 0.5mL、1.0mL 和 2.0mL $0.010mg \cdot mL^{-1}$ 的 Fe^{3+} 标准溶液,再在每支比色管中依次加入 1mL $3.0mol \cdot L^{-1}$ H_2SO_4 和 1mL 25% 的 KSCN 溶液,最后加入不含氧的蒸馏水至刻度线,摇匀即分别得到 Ⅰ、Ⅱ、Ⅲ 级的 Fe^{3+} 标准溶液。

四、实验内容

1. 铁屑的净化

称取 4g 铁屑,放入 150mL 锥形瓶中,加入 20mL $1.0mol \cdot L^{-1}$ Na_2CO_3 溶液,小火加热约 10min,以除去铁屑表面的油污。用倾析法倒掉碱液,用水洗净铁屑至中性(如何检查?),备用。

2. 硫酸亚铁的制备

(1) 计算出与净化后铁屑反应所需 $3.0mol \cdot L^{-1}$ H_2SO_4 的量,倒入置有经净化处理的铁屑的容器中,在水浴上加热,使铁屑与硫酸充分反应(在通风橱中进行)。如剩余铁屑太多,可适量补加 $3.0mol \cdot L^{-1}$ H_2SO_4 和蒸馏水,反应完成后再加入 1mL $3.0mol \cdot L^{-1}$ H_2SO_4(为什么?)。

(2) 趁热减压抽滤分离溶液和残渣,并用少量热水淋洗残渣,抽干。取出残渣,用滤纸吸干后,称量残渣质量。把滤液迅速转移到蒸发皿中。

(3) 计算出参加反应的铁屑的质量,并根据反应式计算出反应所得的 $FeSO_4$ 的理论质量。

3. 硫酸亚铁铵的制备

按照反应中 $FeSO_4$ 与 $(NH_4)_2SO_4$ 的比例关系,根据所消耗的铁的质量,计算并称量出所需 $(NH_4)_2SO_4$ 的质量,加入到盛有 $FeSO_4$ 溶液的容器中,在水浴上加热溶解,用 pH 试纸检验溶液的 pH 值是否在 $1 \sim 2$,若酸度不够,可用 $3.0mol \cdot L^{-1}$ H_2SO_4 调节。然后在水浴上使继续加热浓缩,直至溶液表面刚出现微晶膜为止(蒸发过程中切勿搅拌)。静置,让溶液自然冷却至室温,便析出硫酸亚铁铵晶体(不要急速冷却,为什么?)。减压抽滤,再用 5mL 乙醇淋洗晶体两次,以除去晶体表面附着的水分,至晶体不再黏附玻璃棒为止,继续抽干。取出晶体，在表面皿上晾干。称量、计算理论产量与产率。

4. 产品检验（Fe^{3+} 的限量分析）

本实验采用限量分析检查产品质量，即产品中 Fe^{3+} 含量不能超过国家规定的最高标准。具体做法是：

在天平上称取 1.00g 产品置于 25mL 比色管中，用 15mL 不含氧的蒸馏水（可将蒸馏水煮沸 10min，以除去溶解的氧，盖好，冷却后取用）溶解后，再加入 1mL 3.0mol·L^{-1} H_2SO_4 和 1mL 25％的 KSCN 溶液，最后加入不含氧的蒸馏水至刻度线，摇匀，并与标准溶液进行比较，确定产品的纯度级别。

五、实验数据记录与处理

将实验数据和分析结果记录在表 2-10 所示的实验数据表中。根据实验结果，讨论在实验过程中怎样提高 $(NH_4)_2SO_4·FeSO_4·6H_2O$ 的产率。

表 2-10　数据记录与处理

已作用的铁质量/g	$(NH_4)_2SO_4$ 饱和浓度		$(NH_4)_2SO_4·FeSO_4·6H_2O$			
	$(NH_4)_2SO_4$ 质量/g	H_2O 体积/mL	理论产量/g	实际产量/g	产率/%	产品级别

六、思考题

1. 为什么硫酸亚铁溶液和硫酸亚铁铵溶液都要保持较强的酸性？
2. 制备硫酸亚铁铵时，为什么要用水浴浓缩？
3. 配制目视比色溶液时，为什么一定要用不含氧的蒸馏水？

第三章　应用综合实验

实验十四　污水的处理与监测

一、实验目的

1. 学习污水的处理、净化过程及离子交换法净化水的实验技术；
2. 学习分光光度法定量分析的实验技术，运用标准工作曲线测定水的硬度；
3. 了解气相色谱法分离与测定水中多种有机组分的基本原理；
4. 了解 WFZ800-D3B 型紫外-可见分光光度计的使用方法；
5. 了解 GC112A 气相色谱仪的使用方法。

二、实验原理

1. 废水的处理

废水处理的任务是采用各种技术措施将废水中所含有的各种形态的污染物分离出来或者将其分解、转化为无害和稳定的物质，使废水得到净化。现代废水处理技术按作用原理和去除对象可分为物理法、化学法和生物法。物理法就是利用物理作用，分离废水中呈悬浮状态的污染物质，在处理过程中不改变水的化学性质，如重力分离、气浮、反渗透、离心分离、蒸发等。化学法是利用化学反应作用来分离、转化、破坏或回收废水中的污染物，并使其转化为无害物质，如混凝、中和、氧化还原、吸附、电渗析、汽提、萃取、离子交换法等处理工艺。生物法是利用水中的微生物的新陈代谢功能，使废水中呈溶解和胶状的有机物被降解，并转化为无害的物质，废水得以净化，属于生物法处理工艺的有活性污泥法、生物膜法、自然生物处理法和厌氧生物处理法等。下面以离子交换法为例介绍水净化的原理。

离子交换法是利用称为交换树脂的具有特殊网状结构的人工合成的有机高分子化合物净化水的一种方法，在离子交换树脂中，高分子链是接有可解离或具有自由电子对的功能基，功能基上结合有与之电性相反的离子，这种离子能和外界相同电性的离子交换位置，使树脂具有离子交换的功能，因此称为离子交换树脂。能解离出阳离子的称为阳离子交换树脂，能解离出阴离子的称为阴离子交换树脂。树脂的作用是可逆的，当交换达到饱和失去交换能力时，可进行再生处理，恢复交换能力，一批树脂可循环使用几十年，经济上很划算。离子交换法的最大特点是方便、有效。在化工、冶金、环保、医药、食品等行业有着广泛应用。离子交换法被广泛用来处理水，包括净化自来水，从废水中分离回收重金属以及处理工业废水等。

离子交换树脂的种类很多，例如，两性树脂、氧化还原树脂、光活性树脂、生物活性树脂和磁性树脂等。常用于处理水的树脂有两种，一种是强酸性阳离子交换树脂，另一种是强碱性阴离子交换树脂。前者主要是功能基为磺酸基的一类树脂，其酸性与硫酸、盐酸等相当，可在各 pH 条件下工作；后者功能基为季铵盐。

离子交换树脂在使用前先要经过称为"转型"的预处理，之后装在称为"柱子"的圆柱形容器里，容器的上下两端可通水。盛装阳离子交换树脂或阴离子交换树脂的"柱子"，分别称为阳离子交换柱或阴离子交换柱。使用时要将两种柱子串联，流出的水分别称为阳柱出口水和阴柱出口水。

要达到去离子水的要求，需要再串联一个混合柱，顾名思义，即将两种树脂混合装在同一个柱子里，可进一步除去水中的杂质离子，这种水才称为去离子水。

净化水的质量与交换柱中树脂的质量、柱高、柱直径以及水流量等因素都有关系。一般树脂量多、柱高和直径比适当、流速慢、交换效果好。

离子交换法除去污水中有害的阴离子、阳离子的原理为：当污水以一定的速率流过树脂时，树脂上的 H^+ 与水中阳离子换位，使水中多了 H^+ 而少了其他的阳离子；同理，水流过阴离子交换树脂时，树脂上的 OH^- 与水中的阴离子换位，使水中的 OH^- 增多，而其他阴离子减少，起到净化水的作用。交换反应以 $MgCl_2$ 为例，简式如下：

$$2R—SO_3^- \; H^+ \; Mg^{2+} \rightleftharpoons [R—SO_3^-]_2 Mg^{2+} + 2H^+$$
$$RN(CH_3)_3^+ \; OH^- + Cl^- \rightleftharpoons RN(CH_3)_3^+ \; Cl^- + OH^-$$

经过交换后水中多出来的 H^+ 和 OH^- 又结合成了 H_2O，所以净化后的水仍然是中性。其离子交换净化水的示意图如图 3-1 所示。

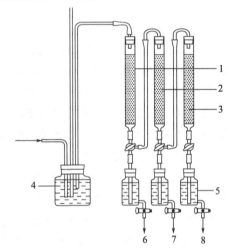

图 3-1　离子交换示意图

1—阳离子交换柱；2—阴离子交换柱；3—混合交换柱；4—稳压瓶；5—下口瓶；
6—阳离子交换出水口；7—阴离子交换出水口；8—混合柱出水口

2. 污水的监测

随着城市和工农业发展，大气、水质、土壤等人类赖以生存的环境正日益被破坏；特别是现代战争，不管是核战争还是常规战争，都会造成大范围的军事设施、工厂、城市等目标的毁坏，从而带来长期的环境灾害。现代化学工业中生产、储存、转运的大量有毒化学物质可以构成灾害源。战争破坏可能诱发大批化学泄漏，造成难以控制的化学灾害。大规模战争还必将造成大气、水和地面环境条件严重恶化。核武器试验、核战争造成的大气、水、海洋核污染，化学武器试验及其在战争中应用造成的毒气等化学污染，作为火箭导弹推进剂或常规武器装备的燃料试验或发射造成的环境污染等，都给人类带来了严重的环境问题。为了人类的生存、健康，防止和治理环境污染已势在必行。例如：研究化学污染物质的来源、分布及在自然环境中迁移、转化和归宿的原理；对污染物质进行分析、监测，对环境质量进行评价；研究环境污染物质的控制，修复被污染的水体、土壤和大气方面等。已成为 21 世纪化学的热门话题。下面仅以水质监测与控制为例进行介绍。

一般环保局对水质监测的必测项目包括：pH 值、溶解氧、总悬浮物、总硬度（淡水）、氯度（海水）、化学耗氧量、水中油、三氮、汞、镉、铅、铬、铜、锌、砷和磷酸盐。多年来一直采用常规指标监测水环境质量，控制水环境污染，其中有机污染采用 COD、BOD 等综合指标来控制。但是，COD 等综合指标存在很大的不足，它控制不了那些存在于水中的微量或痕量有机物造成的污染。先进国家在 20 世纪 60 年代也和我们现在的情况类似，到了 70 年代，随着现代分析技术的发展，GC、GC/MS 技术已完善，他们便采取了有力措施，对有毒有机物污染进行控制。

而军事环境监测的内容更广泛，对仪器设备要求更高，由于实验仪器条件有限，本部分只介绍水质监测中常用的两种仪器技术的基本原理。

（1）分光光度法

分光光度法是研究和测量溶液对紫外和可见光区域中单色光的吸收而建立的一种仪器分析方法。朗伯-比耳吸收定律（Lambert-Beer's Law）是一切光度分析法进行定量分析的理论依据。其基本内容是：当用一束适当的单色光照射吸收物质的溶液时，其吸光度与溶液的浓度和透光层厚度的乘积成正比，即公式为：

$$A = KcL$$

式中，A 为吸光度；K 为吸光系数；c 为溶液浓度；L 为透光液层厚度。

应用吸收定律来测定未知液浓度的方法常见的有：等吸光度法、比例计算法和标准曲线法。本实验采用标准曲线法，就是用数个已知浓度的标准溶液，分别测其吸光度，然后作标准曲线（A-c 曲线）再测定未知液的吸光度。可由 A-c 曲线查得其浓度，应该指出，应用标准曲线法时，测定未知液的条件（所用仪器及测定条件如温度、放置时间等）应与制作标准曲线的条件完全一致，否则就会产生误差。

Ca^{2+} 与偶氮胂Ⅲ在 pH＝4 的条件下反应生成配位比 1∶1 的蓝色水溶性配合物。该配合物在 596nm 有最大吸收峰，在 650nm 处具有第二吸收峰。

（2）气相色谱法

色谱分析过程可以分为两步，先是混合物的分离，然后是各个组分的逐一测定。色谱中有两相，一是固定相，对气相色谱来说，它是由高沸点的有机溶剂（称为固定液）涂渍在惰性固体（称为载体或担体）的表面所构成。固定相填充在色谱柱内。另一相是流动相，一般采用不与被测组分发生化学反应的氢、氮等气体，称为载气。当载气携带被分析混合物通过色谱柱时，由于混合物中各组分的性质不同，与固定相作用的程度也有所不同，因而各组分在固定相和流动相两相间具有不同的分配系数，经过反复多次分配后，各组分在固定相中滞留时间有长有短，从而使各组分依次先后流出色谱柱而得到分离。然后，根据流出组分的化学性质、热导率、电性能、光学性质等，选用合适的检测器，通过电子线路，将信号记录下来，得到随时间变化的曲线，称色谱的流出曲线，也称色谱图（见图 3-2）。根据色谱组分峰的出峰时间（保留值），可进行色谱定性分析，而峰的高度或峰面积的大小则与组分的含量有关，可用以定量分析。

气相色谱法在有机物分析及气体分析方面具有独特的优点。无论是气体、液体或固体试样，只要在色谱温度使用范围内，具有 0.2～10mmHg（1mmHg＝133.322Pa）蒸气压的化学

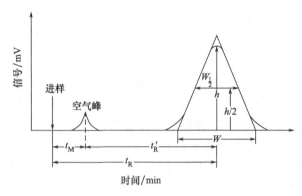

图 3-2　色谱流出曲线

t_M—死时间；t_R—保留时间；t_R'—调整保留时间；

$W_{1/2}$—半峰宽；h—峰高；W—峰宽

稳定物质，都可以用气相色谱法进行分析。方法具有操作简单、分析快速、分离效能高、试样用量少(仅需几毫克)且灵敏度高、应用范围广的特点。气相色谱法是一种很好的分离和定量手段，但用这一方法进行定性分析，必须使用已知纯物质进行对照。如没有纯物质，就需要与其他方法配合进行定性分析。此外，还可以利用它测量试样在固体相上的分配系数、活度系数、分子量、比表面等物理化学常数。

三、仪器与试剂

1. 仪器及实验用品

WFZ800-D3B型紫外可见分光光度计，GC112A气相色谱仪，色谱柱为 $2mm \times 2m$ 聚四氟乙烯柱管，内装 80～100 目 402 有机载体，$1\mu L$ 或 $2\mu L$ 微量进样器一支。

2. 试剂及水样

偶氮肿Ⅲ：0.1%水溶液。

pH=4 的缓冲溶液：乙酸铵 15g＋水 200mL＋冰醋酸 80mL，加水至 1000mL。

$2.0 \times 10^{-3} mol \cdot L^{-1}$ Ca^{2+} 标准溶液：准确称取经 120℃ 干燥过的 $CaCO_3$ 0.2000g 于 250mL 烧杯中，先用少量水润湿，盖上表面皿，慢慢滴加 1:1 HCl 溶液 1mL，加热溶解，加入少量水稀释，定量转入 1000mL 容量瓶中，用水稀释至刻度，摇匀。

水样 A、B。

四、实验内容

1. 污水的净化处理

用 150mL 烧杯取水样 100mL 先后通过阳离子交换柱、阴离子交换柱，最后从阴离子交换柱出水口取净化后的水，得到经离子交换柱净化的水样。

2. 分光光度法测定水中无机钙离子

分别取水样 A 和上述经离子交换柱净化的水样 10mL 于 50mL 容量瓶中，依次加入 pH=4 的缓冲溶液 20mL，偶氮肿Ⅲ溶液 5mL，用蒸馏水稀释至刻度，摇匀。在波长 650nm 处，用 1cm 的比色皿，试剂空白做参比测吸光度，查标准曲线得钙离子的浓度。

试剂空白：不加试样，按照与试样测定完全相同的条件和操作方法进行试验，其作用是检验和消除由试剂、溶剂(大多数是水)和分析器皿(因被侵蚀)中某些杂质引起的系统误差。

3. 气相色谱法分离测定水中有机混合物

用 $1\mu L$ 微量进样器取水样 B 从 GC112A 进样口进样(注意取样时慢抽快推，洗针 3～5

次，进样时快扎、快推、快拔），同时按下计时器，观察试样色谱峰流出的情况。仪器条件设定为：柱箱 155℃、进样器 170℃、热导池 170℃、载气 H_2 流速 34mL·min^{-1}，进样量 $0.2\mu L$。

五、实验注意事项

1. 比色皿

（1）不能用手拿比色皿的光学面，以防污染，影响配套性。

（2）比色皿外壁上有水珠时，不能甩干，应先用滤纸吸干水分，再用镜头纸轻轻擦干净，比色皿光学面有污染时应用脱脂棉蘸无水丁醇轻轻擦净（注意：不要划伤光学面）。

（3）比色皿盛入溶液时，上部应保留 0.5cm 距离，以防溶液过满流入比色皿室。比色皿放入比色皿架时应垂直，光学面对准光路，且用比色皿夹子固定。

2. 紫外分光光度计

在测定过程中，严禁开启试样室盖，以保护光电管不受强光照射。

3. 微量注射器

（1）它是易碎器械，使用时应多加小心，不用时要洗净放入盒内，不要随便玩弄，来回空抽。否则会严重磨损，损坏其气密性，降低其准确度。

（2）注射器在使用前后都须用丙酮等清洗。当试样中高沸点物质沾污注射器时，一般可用下述溶液依次清洗，5%氢氧化钠水溶液、蒸馏水、丙酮、氯仿，最后用泵抽干。不宜使用强碱性溶液洗涤。

六、思考题

1. 用分光光度法测定水样中 Ca^{2+} 的浓度，讨论产生误差的可能原因？
2. 离子交换装置中，阳离子交换柱能否与阴离子交换柱相互调换位置？为什么？
3. 气相色谱仪包括哪两大系统，各系统中有哪些重要部件？
4. 简要说明气相色谱法的特点、功能与应用范围？
5. 说明色谱法分离多组分混合物的基本原理，其定性、定量的依据是什么？

实验十五　印制线路板的化学加工

一、实验目的

1. 了解铜箔腐蚀原理；
2. 掌握印制线路板的化学加工工艺；
3. 熟悉化学镀银或电镀银与钝化工艺。

二、实验原理

制造印制线路板的基材板料主要是酚醛树脂板、环氧树脂板等，导电材料为铜箔，用胶将铜箔黏合在上述工程塑料板上而制成。

在进行印制线路板的化学加工时，采用三氯化铁溶液将线路图形以外不受油漆（或感光胶）保护的铜箔腐蚀掉，剩下印制线路备用。

铜箔的腐蚀原理如下：

根据能斯特方程：

$$\varphi(Fe^{3+}/Fe^{2+}) = \varphi^{\ominus}(Fe^{3+}/Fe^{2+}) + 0.0591 \lg \frac{c(Fe^{3+})}{c(Fe^{2+})}$$

$$= 0.77 + 0.0591 \lg \frac{c(Fe^{3+})}{c(Fe^{2+})}$$

而

$$\varphi(Cu^{2+}/Cu) = \varphi^{\ominus}(Cu^{2+}/Cu) + 0.0591 \lg c(Cu^{2+})$$

$$= 0.34 + 0.0591 \lg c(Cu^{2+})$$

因为 $\varphi(Fe^{3+}/Fe^{2+}) > \varphi(Cu^{2+}/Cu)$，所以线路图形外未被油漆保护的铜箔，在 $FeCl_3$ 溶液中，能被氧化而溶解，发生如下腐蚀反应：

$$2FeCl_3 + Cu = 2FeCl_2 + CuCl_2$$

三、实验用品与试剂

1. 仪器及实验用品

烧杯，玻璃棒，电炉（公用），电吹风（公用），毛笔（公用），烘箱（公用）。

2. 试剂

$NaCl(18g \cdot L^{-1})$，$CrO_3(80g \cdot L^{-1})$，$K_2Cr_2O_7(10g \cdot L^{-1})$，$HNO_3(10mL \cdot L^{-1})$，$FeCl_3(500g \cdot L^{-1})$，$HCl(10\%)$，$AgNO_3$（固），浓氨水，Q04-3 硝基内用磁漆汽油，香蕉水，去污粉或金属清洗剂。

3. 化学镀银液的配制

（1）取 50g $AgNO_3$ 溶于 500mL 去离子水中。另取 20g 无水 Na_2SO_3 溶于 500mL 去离子水中，两者混合后，生成白色的 Ag_2SO_3 沉淀。用去离子水清洗沉淀 4 次。

（2）取 50g 乙二胺四乙酸二钠溶于 250mL 去离子水中，再取 50g 六亚甲基四胺溶于 250mL 去离子水中，将这两个溶液混合均匀。

将（2）溶液倒入（1）中，搅拌使沉淀溶解，即成化学镀银溶液。

四、实验内容

1. 预处理

（1）用去污粉或金属清洗剂刷擦铜箔塑料板，以除去表面油污。

（2）用清水冲洗干净后，用电吹风吹干。

2. 涂漆

（1）自己设计电子线路或任意图形。

（2）用毛笔将 Q04-3 硝基内用磁漆涂在自己设计的电子线路或任意图形上，对其加以保护。

（3）放入烘箱内，在 50～60℃下烘烤半小时，或用电吹风吹干，至油漆表面干燥（以用手触摸油漆表面而不粘手为好）。

3. 腐蚀

（1）将上述铜箔塑料板放入 $FeCl_3$ 溶液（500g·L^{-1}）中，并用玻璃棒搅动溶液，加快腐蚀反应（天气过冷时，腐蚀液可用电炉适当加温）。

（2）待未被油漆保护的铜箔因腐蚀而溶解完后，从腐蚀液中拿出，水洗并吹干。

（3）用香蕉水浸泡印制线路板上的油漆，使之溶解而除去，然后吹干待用（为使印制线路板表面油漆彻底除净并光亮，可在香蕉水中浸泡、吹干后，再用细砂纸打磨，此举有利于下道工序）。

4. 化学镀银

（1）用金属清洗剂擦刷印制线路板图纹，然后水洗干净。

（2）在 10％盐酸溶液中浸渍 2s，再用水冲洗。

（3）放入化学镀银溶液中浸渍 2min，取出后，用水冲洗。

5. 钝化处理

（1）将镀银后的印制线路板放入 CrO_3（80g·L^{-1}）和 NaCl（18g·L^{-1}）溶液中 2s，取出后水洗干净。

（2）浸入浓氨水中除黄膜，并水洗干净。

（3）浸入 10％盐酸中 2s，水洗干净。

（4）浸入钝化液（$K_2Cr_2O_7$ 10g·L^{-1} 及 HNO_3 10mL·L^{-1}）中 10s。

（5）水洗干净后，用电吹风机吹干或晾干。

6. 实验记录

将实验情况填入表 3-1。

表 3-1　实验结果

工序	涂漆	腐蚀	化学镀银	钝化处理	质量检验

五、实验思考题

1. 为什么 $FeCl_3$ 溶液能腐蚀铜箔？

2. 印制线路板化学加工成电路板图纹后，为什么还要进行化学镀银？

3. 化学镀银后钝化处理起什么作用？

实验十六　金属的腐蚀与防护

一、实验目的

1. 了解金属腐蚀性能的基本评价方法，会测定碳钢在 H_2SO_4 中的阴极极化、阳极极化和钝化曲线，求算铁的自腐蚀电势、腐蚀电流和钝化电势、钝化电流等；

2. 了解金属防腐的基本方法，并采取化学镀工艺对碳钢进行表面镀镍处理；

3. 了解恒电势法的测量原理和实验方法。

二、实验原理

1. 金属腐蚀的电化学原理与金属腐蚀性能评价

武器装备与军用工程使用金属材料十分可观，金属因腐蚀而遭到的损失十分严重。金属表面与周围介质发生化学及电化学作用而遭到的破坏，叫金属腐蚀。其中化学腐蚀是金属表面与气体或非电解质溶液接触发生化学作用而引起的腐蚀，没有电子流动，这只是腐蚀现象中的一小部分。大部分是由于金属表面与介质，如湿空气、电解质溶液等发生电化学作用而引起的腐蚀，叫电化学腐蚀。当金属与电解质溶液接触，在接触界面上发生金属阳极溶解过程，同时还存在着相应的阴极过程，电解质溶液是导体，构成自发的腐蚀电池，使金属阳极溶解持续进行。因此，研究各种腐蚀现象，了解腐蚀发生的机理，采取适当的防腐措施，具有重大的军事意义。

以铁浸在无氧的酸性介质中受到的腐蚀为例，研究铁的电化学腐蚀机理。如铁在 H_2SO_4 溶液中，将不断被溶解，同时产生 H_2，即：

$$Fe + 2H^+ \longrightarrow Fe^{2+} + H_2 \tag{3-1}$$

可以把 Fe/H_2SO_4 体系看成一个二重电极，即在 Fe/H_2SO_4 界面上同时进行两个电极反应

$$Fe \longrightarrow Fe^{2+} + 2e^- \tag{3-2}$$

$$2H^+ + 2e^- \longrightarrow H_2 \tag{3-3}$$

反应式（3-2）、式（3-3）称为共轭反应，正是由于有反应式（3-3）存在，反应式（3-2）才能不断进行，这就是铁在酸性介质中腐蚀的主要原因。

当电极不与外电路接通时，其电流 $I_总$ 为零，在稳定状态下，铁溶解的阳极电流 I_{Fe} 和 H^+ 还原出 H_2 的阴极电流 I_H，它们在数值上相等符号相反，即

$$I = I_{Fe} + I_H = 0 \tag{3-4}$$

I_{Fe} 的大小反映了 Fe 在 H_2SO_4 中的溶解速率，而维持 I_{Fe}、I_H 相等时的电势称为 Fe/H_2SO_4 体系的自腐电势 ε_{cor}。

把上述电化学过程设计成一个三室电解池来进行研究。将所研究的金属碳钢作为一个电极，称之为工作电极；由于饱和甘汞电极的电极电位稳定，可用它作为参比电极，与碳钢工作电极构成一个电池，通过此电池来测定碳钢工作电极的电极电位；选取惰性铂电极作为辅助电极，与碳钢工作电极构成另一个电解池。在无电流流过的情况下，电解池的理论分解电压应该与之相反的可逆过程的原电池的电动势大小相等，方向相反。然而，电解池或原电池在工作时，实际上都有净电流流过。由于净电流的通过打破了电极平衡，电极成为非平衡

（不可逆）电极。若无净电流流过时的电极的电极电势为 φ_r，有电流流过电极时不可逆电极的电极电势为 φ_{ir}，η 表示它们的差，则：

$$\eta = |\,\varphi_{ir} - \varphi_r\,|$$

η 称为超电势。

　　凡电极电势偏离平衡电极电势的现象，在电化学中统称"极化"。所以，可由超电势的大小来度量一个电极极化的程度。

　　图 3-3 是 Fe 在 H_2SO_4 中的阳极极化和阴极极化曲线图。当对电极进行阳极极化（即加更大正电势）时，反应式（3-3）被抑制，反应式（3-2）加快，此时，电化学过程以 Fe 的溶解为主要倾向，通过测定对应的极化电势和极化电流，就可得到 Fe/H_2SO_4 体系的阳极极化曲线 rba。

　　当对电极进行阴极极化，即加更负的电势时，反应式（3-2）被抑制，电化学过程以反应式（3-3）为主要倾向，同理，可获得阴极极化曲线 rdc。

　　当把阳极极化曲线 abr 的直线部分 ab 和阴极极化曲线 cdr 的直线部分 cd 外延，理论上应交于一点（z），则 z 点的纵坐标就是 $\lg\,[\,I_{cor}/\,(A\cdot cm^{-2})\,]$，即腐蚀电流 I_{cor} 的对数，而 z 点的横坐标则表示自腐电势 ε_{cor} 的大小。

　　当阳极极化进一步加强时，铁的阳极溶解进一步加快，极化电流迅速增大。当极化电势超过 ε_p 时，I_{Fe} 很快下降到 d 点，如图 3-4 所示，此后虽然不断增加极化电势，但 I_{Fe} 一直维持在一个很小的数值，如图中 de 段所示，直到极化电势超过 1.5 V 时，I_{Fe} 才重新开始增加，如 ef 段示，此时 Fe 电极上开始析出氧。从 c 点到 d 点的范围称为钝化过渡区，从 d 点到 e 点的范围称为钝化区，从 e 点到 f 点称为超钝化区，ε_p 称为钝化电势，I_p 称为钝化电流。

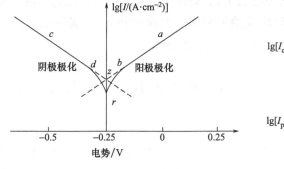

图 3-3　Fe 的极化曲线

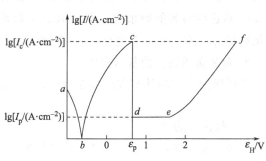

图 3-4　Fe 的钝化曲线

　　铁的钝化现象可做如下解释：图 3-4 中 bc 段是 Fe 的正常溶解曲线，此时铁处在活化状态，bc 段出现极限电流是由于 Fe 的大量快速溶解。当进一步极化时，Fe^{2+} 与溶液中 SO_4^{2-} 形成 $FeSO_4$ 沉淀层，阻滞了阳极反应，由于 H^+ 不易达到 $FeSO_4$ 层内部，使 Fe 表面的 pH 值增加；在电势超过 0.6V 时，Fe_2O_3 开始在 Fe 的表面生成，形成了致密的氧化膜，极大地阻滞了 Fe 的溶解，因而出现了钝化现象，由于 Fe_2O_3 在高电势范围内能够稳定存在，故铁能保持在钝化状态，直到电势超过 O_2/H_2O 体系的平衡电势（+1.23V）相当多时（+1.6V），才开始产生氧气，电流重新增加。

　　金属钝化现象有很多实际应用。金属处于钝化状态对于防止金属的腐蚀和在电解中保护不溶性的阳极是极为重要的，而在另一些情况下，钝化现象却十分有害，如在化学电源、电镀中的可溶性阳极等，这时则应尽力防止阳极钝化现象的发生。

对 Fe/H_2SO_4 体系进行阴极极化或阳极极化，在不出现钝化现象情况下既可采用恒电流方法，也可以采用恒电势的方法，所得到的结果一致。但对测定钝化曲线，必须采用恒电势方法，如采用恒电流方法，则只能得到图 3-4 中 $adcf$ 部分，而无法获得完整的钝化曲线。恒电势方法和恒电流方法的简单线路示于图 3-5 中。

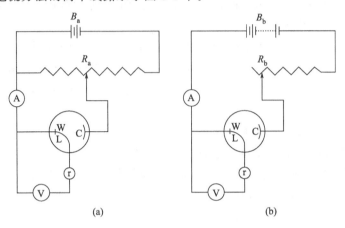

图 3-5　恒电势和恒电流的测量原理

B_a—低压（几伏）稳压电源；B_b—稳压电源（几十伏到 100V）；R_a—低电阻（几欧姆）；

R_b—高电阻（几万欧到 10 万欧）；A—精密电流表；V—高阻抗毫伏计；

L—鲁金（Luggin）毛细管；C—辅助电极；W—工作电极；r—参考电极

由以上分析可知，通过测定工作电极的阳极极化曲线、阴极极化曲线与钝化曲线，从相应的曲线上求出工作电极的自腐电势 ε_{cor}、腐蚀电流 I_{cor}、钝化电势 ε_p、钝化电流 I_p、钝化区间 de，从这些参数的取值大小可以判断金属耐腐蚀的强弱，自腐电势 ε_{cor}、腐蚀电流 I_{cor}、钝化电势 ε_p、钝化电流 I_p 越小，钝化区间 de 越大，金属越耐腐蚀。

2. 金属腐蚀防护的基本方法

金属腐蚀防护的基本方法可参阅相关文献。这里重点介绍缓蚀剂保护与金属化学镀镍保护方法。

（1）缓蚀剂防护

缓蚀剂又称腐蚀抑制剂，是一种添加少量到环境介质中即能明显降低金属腐蚀速度的化学物质。按照对腐蚀电池阴阳极过程的阻滞作用不同，可将缓蚀剂分为阴极型、阳极型和混合型缓蚀剂，其作用原理见图 3-6。

① 阴极型缓蚀剂　这类缓蚀剂阻滞阴极过程，能增大阴极极化，使金属腐蚀电位负移，金属腐蚀速率下降，如图 3-6（a）所示。这类缓蚀剂有：酸式碳酸钙、聚磷酸盐、硫酸锌、砷离子、锑离子等。前面三种缓蚀剂在中性溶液中与阴极过程产生的 OH^- 结合，生成难溶性氢氧化物或碳酸盐覆盖于阴极表面，从而抑制阴极反应。后面两种缓蚀剂在酸性溶液中能在阴极表面还原生成金属相覆盖其上，使氢的超电势显著增加从而减慢了腐蚀过程。

② 阳极型缓蚀剂　这类缓蚀剂阻滞阳极过程，能增大阳极极化，使金属腐蚀电位正移，金属腐蚀速率下降，如图 3-6（b）所示。这类缓蚀剂有铬酸盐、硝酸盐、正磷酸盐、硅酸盐、苯甲酸盐等。它们有的能阻止金属表面阳极部分的离子进入溶液，有的能形成钝化膜使阳极反应面积减小，有的能与金属生成沉淀，覆盖在阳极表面上起防腐作用。

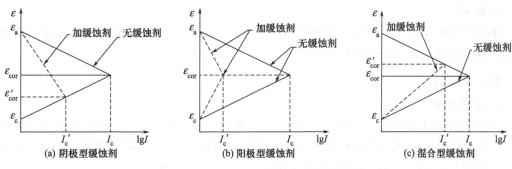

图 3-6　缓蚀剂抑制电极过程的三种原理

ε_a—阳极反应平衡电位；ε_c—阴极反应平衡电位；ε_{cor}—腐蚀电位；I_c—腐蚀电流

③ 混合型缓蚀剂　这类缓蚀剂主要是一些有机化合物。它们对阴极过程和阳极过程同时起抑制作用，如图 3-6（c）所示。在混合型缓蚀剂作用下，阴极极化与阳极极化同时增大。虽然其腐蚀电位变化不大，但腐蚀电流却减小很多。例如，含硫、含氮及既含氮又含硫的硫醇、硫醚、有机胺的亚硝酸盐、硫脲及其衍生物等。它们能够吸附在金属表面形成吸附膜，阻止电荷或反应物的扩散、迁移，起到防腐的作用。

（2）金属化学镀防护

化学镀方法是在被保护的金属表面上覆盖耐蚀性强的或容易受腐蚀的金属镀层，保护内部金属不受腐蚀。

化学镀是指在没有外电流的作用下，利用溶液中的还原剂将金属离子还原为金属并沉积在基体表面上形成金属镀层的过程。

例如，在酸性化学镀镍溶液中用次磷酸盐作为还原剂，它的氧化还原过程如下：

$$H_2PO_2^- + H_2O \xrightarrow{\text{cat.}} HPO_3^{2-} + H^+ + H_2 \text{（氧化过程）}$$

$$Ni^{2+} + H_2 \longrightarrow Ni + 2H^+ \text{（还原过程）}$$

两式相加，便得到氧化还原总反应

$$Ni^{2+} + H_2PO_2^- + H_2O \xrightarrow{\text{cat.}} Ni + HPO_3^{2-} + 3H^+$$

化学镀溶液的组成及其相应的工作条件必须是只限制在具有催化作用的基体表面上进行，而溶液本身不应自发地发生氧化还原作用，否则溶液会自然分解，导致很快失效。

若被镀金属本身是催化剂，则化学镀的过程就具有自动催化作用，使上述反应不断地进行，这时镀层厚度将逐渐增加。钢铁、镍、钯、铑等都具有自动催化作用。

对不具有自动催化作用的镀件表面，如塑料、玻璃、陶瓷等非金属材料，需要经过特殊的前处理，使其表面活化而具有催化作用，才能进行化学镀。

三、仪器与试剂

1. 仪器及实验用品

电脑（含有 TD73000PCl 电化学测试系统）1 台，TD3691 型恒电位仪 1 台，WYL-302-2 自动稳压稳流电源 1 台，恒温水浴 1 台，游标卡尺 1 把，三室电解池 1 个，铂片辅助电极 1 支，饱和甘汞电极 1 支，圆柱形碳钢工作电极 2 支，7 号、5 号金相砂纸各 1 张，100mL 量筒 2 个，50mL 量筒 2 个，500mL 蒸馏水洗瓶 1 个，滤纸，打印纸。

2. 试剂

H_2SO_4 溶液（$1mol \cdot L^{-1}$），电解液，饱和 KCl 溶液，化学镀镍溶液，含六亚甲基四胺（1%）的 H_2SO_4 溶液（$1mol \cdot L^{-1}$）。

四、实验内容

1. 仪器装置

实验装置如图 3-7 所示，采用三室电解池，辅助电极室和工作电极室之间采用玻璃砂隔板。工作电极采用碳钢，并加工成 $\phi 2.5mm \times 10mm$ 的小圆棒，一端有螺纹，可拧在电极杆末端的螺丝上，工作电极的结构如图 3-7 所示。

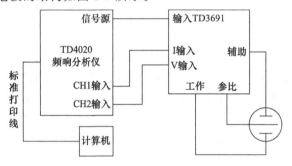

图 3-7 　恒电势法测定极化曲线实验装置图

2. 碳钢工作电极表面处理

（1）取 2 支碳钢工作电极，分别用 200 号至 800 号金相砂纸打磨，抛光成镜面，用卡尺测量其外径，并计算表面积（cm^2）。

（2）先用自来水冲洗，再用蒸馏水冲洗，然后放入丙酮中去油，最后用蒸馏水冲洗。

（3）将去油后的工作电极进一步进行电抛光处理。开启稳压电源，在 50mL 烧杯中盛入 25mL 电解液（按 $HClO_4$：HAc＝4：1 配制），工作电极作为电解池的阳极，Pt 电极作为电解池的阴极；调节稳压电源的电压调节旋钮，使其电流密度为 $25mA \cdot cm^{-2}$（碳钢电极），电解 2min。取出后用蒸馏水洗净，再用滤纸吸干后，立即放入无水酒精中备用。

3. 化学镀镍

打开恒温水浴电源开关，将水浴温度控制至 65℃；在 50mL 烧杯中盛入 25mL 化学镀镍液，并将其放入恒温水浴中恒温；取 1 支上述已经进行过表面处理的碳钢工作电极，放入化学镀镍池中进行 90min 的化学镀。取出已镀好镍的工作电极，用蒸馏水洗净，仔细观察镀层表面，记录结果，将其放入无水酒精中备用。

4. 极化曲线与钝化曲线的测定

学会 TD73000PCl 电化学测试系统与 TD3691 型恒电位仪的操作。按以下三种条件测定极化曲线与钝化曲线。

（1）碳钢工作电极在 $1mol \cdot L^{-1}$ 的 H_2SO_4 溶液中

① 在三室电解池中盛入约 150mL 的 H_2SO_4 溶液（$1mol \cdot L^{-1}$），取上述准备好的碳钢工作电极 1 支、饱和甘汞参比电极 1 支、铂辅助电极 1 支一起装在三室电解池上，并接在 TD3691 型恒电位仪相对应的红色接线夹上。

② 按第一部分恒定电位仪的使用说明，进行极化曲线与钝化曲线的测定。

③ 获得钝化曲线后，点击 TD73000PCl 电化学测试系统软件中"数字化处理"功能模

块，屏幕将出现滚动条，通过拖动滚动条读取所需要的数据，即自腐电势 ε_{cor}、腐蚀电流 I_{cor}、钝化电势 ε_p、钝化电流 I_p、钝化区间 de。

（2）碳钢工作电极在含 1‰的六亚甲基四胺的 $1mol \cdot L^{-1}$ 的 H_2SO_4 溶液中

除将三室电解池中更换成含 1‰的六亚甲基四胺的 $1mol \cdot L^{-1}$ 的 H_2SO_4 溶液外，其余操作与"（1）"相同。

（3）镀镍碳钢工作电极在 $1mol \cdot L^{-1}$ 的 H_2SO_4 溶液中

操作与"（1）"完全相同。

测完之后，应使仪器复原，清洗电极，记录室温，整理实验台面。

五、实验数据记录与处理

1. 从阳极极化曲线和阴极极化曲线的切线的交点 z 求 ε_{cor}、I_{cor}、i_{cor}（$mA \cdot cm^{-2}$）。

2. 从钝化曲线求钝化电势 ε_p、钝化电流 I_p、钝化电流密度 i_p 及钝化区间 de。

六、思考题

1. 从极化电势的改变，如何判断所进行的极化是阳极极化，还是阴极极化？

2. 在不同的极化电势区间内，工作电极表面所冒出的气泡属于哪种气体？辅助电极上产生什么气体？

3. 试比较本实验三种条件下所测的极化曲线、钝化曲线，评价哪一种条件下碳钢耐蚀性更强。

实验十七　化学电池

一、实验目的

1. 了解化学电池的种类与特点；
2. 了解锂电池构成、电池反应和充放电原理；
3. 了解锂电池基本性能测定的方法。

二、实验原理

根据产生电能的方法不同，电池可分为化学电池、物理电池和生物电池三类。

化学电池是由于氧化还原反应，物质的组成发生变化，在物质组成产生变化的过程中产生电能的电池。现在，在各种场合、各种用途上使用的电池，几乎都是化学电池。

物理电池是依靠吸收光或热等能量，物质不断发生化学变化而产生电能的电池。最常见的就是利用光能转变成电能的太阳能电池。此外，还有从热能或辐射能变成电能的热电池和原子能电池等。与化学电池的二次电池一样，充电使用"双电层电容器"，也是利用物理变化的电池。

生物电池是利用酵母或微生物引起的生物化学反应产生电能的电池。其中，有酵母电池、微生物电池，还有利用叶绿素光合作用的生物太阳能电池。

化学电池还可进一步分成一次电池、二次电池和燃料电池。

一次电池是一种电量用尽，其寿命终结的电池。发生化学反应时输出电能，发生变化的物质不能返回原来的状态，这是一种不可逆的化学反应。一次电池就是通过这种不可逆的化学反应来输出电能的电池。其中有锰干电池、锂一次电池、碱性干电池、有机电解质电池、空气电池、熔融盐电池等。

二次电池，是在电能用完后还能反复充电使用的电池。也就是说，电池能够通过物质的化学反应产生电能，也能从外界接受电能使产物进行化学反应回到原来的状态，并且能重新进行化学反应，再次输出电能。这是一种能双向进行的可逆反应，也就是说，二次电池是利用电池物质可逆反应、能够反复使用的电池。其中有铅酸二次电池、碱性二次电池、锂二次电池、有机电解质二次电池、电力储存二次电池等。

燃料电池，与内含化学反应物质的一次电池和二次电池不同，它是以化学反应物质为原料，从外部不断供给反应物质而连续发生化学反应并连续产生电能的电池。在燃料电池中，在反应前供给的物质就是燃料，化学反应后排放出生成物，有时生成物也会积聚在电池内。因此，只要不断地供给燃料，就能连续不断地产生电能。目前的燃料电池以氢气和氧气为原料，其中有磷酸型、熔融碳酸盐型、固体氧化物型、固体高分子型等。

化学电池中，若按照电池反应物质的状态可分成"湿电池"和"干电池"（或"液体电池"和"固体电池"）两类。化学电池主要由 4 个部分组成，即：正极、负极、含正负离子的电解质和特定离子可以通过的隔离物。

湿电池是使用液态电解质的电池。湿电池的历史悠久，有优点，也有某些不足。代表性的湿电池就是用作汽车电池的铅蓄电池。

干电池使用的电解质不是液体，而是糊状物或固体物质。可以说，现在使用的绝大多数化学电池都是干电池。

锂电池是近年来发展较快的一类化学电池。

锂系电池分为锂电池和锂离子电池两类。又可分为不可充电的一次锂电池与可充电的二次锂电池。锂离子电池是由锂电池发展而来的。

锂电池作为一种新兴技术，比传统电池有着诸多优势，已广泛应用于各种电子产品之中，在未来的电动汽车方面也有着很好的应用前景，在"非碳经济"、"新能源"大趋势中已受到高度重视。

一次性锂电池主要有：Li-MnO_2、Li-$SOCl_2$体系。

可充电的锂电池有多种。如钒锂二次电池、锰锂二次电池、锂-聚合物电池等。如钴锂二次电池以$LiCoO_2$作为正极，金属锂或石墨作为负极，电解质为有机溶剂。

锂离子电池实际上是一种浓差电池，其正负极材料由两种不同的锂离子嵌入化合物组成，正极为不同类型的含锂化合物，负极则由石墨一类的物质形成层状结构，Li^+可填入其中。充电时，阴极部分的Li^+脱嵌，透过隔膜向阳极移动，并嵌入到阳极的层状结构之中。放电时，则反之。

锂电池具有诸多优点。主要优点有：比能量高、放电能量稳定、没有记忆效应，可随时充电，锂离子电池不含汞、镉、铅等有毒元素，是一种绿色环保电池。锂电池亦存在某些不足，如安全性，比功率偏低以及锂金属属于稀有金属，成本较高的问题。随着技术的发展，工艺的改进，生产量的增加，价格不断降低，一些问题会得到解决，应用上会更加普遍。

三、仪器与试剂

1. 仪器及实验用品

二次电池性能测定仪，电池槽装置，烘箱，电池阳极涂料涂刷用品。

2. 试剂

$LiCoO_2$，金属锂片（$200\mu m$），金属铝片（$200\mu m$），水性黏合剂，超导炭黑粉，$LiPF_6$，碳酸乙烯酯，碳酸二甲酯。

四、实验内容

（1）制作电池负极金属锂片　将厚度为$200\mu m$的金属锂片制成长宽分别为25mm、5mm条状金属锂片。

（2）制作电池正极　将厚度为$200\mu m$的金属铝片制成长宽分别为25mm、5mm条状铝片。用砂纸打磨，用酒精擦洗，晾干。利用涂料涂刷技术，用毛刷将电池阳极涂料（Li-CoO_2、水性黏合剂、超导炭黑粉按照一定比例，充分球磨调制成糊状）涂敷在铝片上，形成薄层。适当晾干后，置于烘箱（110～120℃）30min烘干，制得电池正极。

（3）组装锂离子二次电池　如图3-8所示，将金属锂片和电池正极片装入电池槽中，构成锂离子二次电池：

$$Li \mid Li^+ \mid LiCoO_2 \mid Al$$

电池槽由有机玻璃制成，为一密闭容器，其中装有电解质溶液（电解质为$LiPF_6$，溶剂由碳酸乙烯酯和碳酸二甲酯按照1：1配制，每1L溶剂中电解质的量为1mL）。

（4）利用二次电池性能测定仪测定制得的锂离子二次电池的充放电平台。

（5）利用二次电池性能测定仪测定制得的锂离子二次电池的充放电容量。

五、实验说明

1. 本实验所用阳极涂料、电解质溶液由实验室配制。

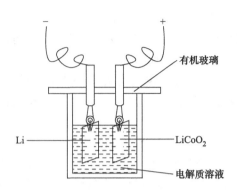

图 3-8　锂离子二次电池装置示意图

2. 电池正极片烘干的温度不能太高，且烘干的速度不宜过快。

3. 电解质溶液注入电池槽时须在通风橱或手套箱中进行。

六、思考题

1. 电解质溶液注入电池槽时为何须在通风橱或手套箱中进行？

2. 在本实验中为何采用水溶性黏合剂？在电池涂料中加入超导炭黑的目的是什么？

实验十八　纳米材料的制备与表征

一、实验目的

1. 学习 Sol-Gel 法制备纳米 $BaTiO_3$ 的原理和方法；
2. 了解纳米材料制备及应用的重要性；
3. 了解纳米材料表征的几种现代技术。

二、实验原理

一般认为，尺寸在 $1\sim100nm$ 范围内的粒子为纳米粒子。纳米材料是指由细晶粒，尺寸在 $1\sim100nm$ 范围内的纳米微粒或纳米固体。

由于组成这类材料的晶粒尺寸处于原子团簇和宏观物体的交界区域，故具有小尺寸效应、表面效应、宏观量子隧道效应和介电限域效应，并产生特有的电学、磁学、光学和化学等特殊效应。且随着纳米概念的拓宽、纳米科技的发展，零维纳米粒子的研究逐渐向一维、二维以及三维材料发展，因此纳米材料在国防、电子、冶金、航空、轻工、医药生物等领域均有重要的应用价值。日本的"创造科学技术推进事业"、美国的"星球大战"计划、西欧的"尤里卡"计划，以及我国的"纳米科学攀登计划"、"863 计划"等都将纳米材料的研究列入重点项目，并已取得可喜成绩。

纳米粉的制备分成两大类：物理方法和化学方法。机械粉碎法被划分为物理方法，但机械粉碎法中可能涉及化学反应。化学方法又分为气相法和液相法。其中气相法包括化学气相沉积（chemical vapor deposition，CVD）、激光气相沉积（laser chemical vapor deposition，LCVD）、真空蒸发和电子束或射频束溅射等，有些气相法并没有化学反应。气相法的缺点是设备要求较高，投资较大。液相法包括溶胶-凝胶（Sol-Gel）法、水热（hydrothermal synthesis）法和共沉淀（co-precipitation）法等，其中 Sol-Gel 法得到广泛的应用，主要原因是：①操作简单，处理时间短，无需极端条件和复杂仪器设备；②各组分在溶液中实现分子级混合，可制备组分复杂但分布均匀的各种纳米粉；③适应性强，不但可以制备微粉，还可方便地用于制备纤维、薄膜、多孔载体和复合材料。

Sol-Gel 法是以金属有机物（如醇盐）或无机盐为原料，通过溶液中的水解、聚合等化学反应，经溶胶—凝胶—干燥—热处理过程制备纳米粉或薄膜，溶液中的过程包括金属有机物的水解及缩聚反应。

水解：　　　$M(OR)_n + xH_2O \longrightarrow M(OH)_x(OR)_{n-x} + xROH$

缩聚：　失水聚合　$HO{-}M{-} + HO{-}M{-} \longrightarrow {-}M{-}O{-}M{-} + H_2O$

　　　　失醇聚合　$HO{-}M{-} + RO{-}M{-} \longrightarrow {-}M{-}O{-}M{-} + ROH$

这样溶胶就转变为三维网络状的凝胶。凝胶经干燥，除去水分和溶剂，即形成干凝胶。干凝胶于适当的温度下热处理，反应合成所需的纳米粉。

三、仪器与试剂

1. 仪器及实验用品

X 射线衍射仪，透射电子显微镜，马弗炉，烘箱，Al_2O_3 坩埚，磁力搅拌器等。

2. 试剂

钛酸四丁酯，冰醋酸，正丁醇。

四、实验内容

1. 纳米粉体的制备

(1) 溶胶及凝胶的制备　取 15mL 正丁醇置于烧杯中，准确称取钛酸四丁酯 7.663g（0.03mol）溶于其中，在不断搅拌下加入 6mL 冰醋酸，混合均匀。准确称取等物质的量的已干燥过的无水乙酸钡（0.03mol，10.2108g），溶于适量去离子水中，形成 $Ba(OAc)_2$ 的水溶液。不断搅拌下逐滴加入到钛酸四丁酯的正丁醇溶液中。在磁力搅拌器上混合数分钟，并调节其 pH 值为 3.5，即得到无色或淡色透明澄清溶胶。用普通分析滤纸将烧杯口扎紧，室温下放置约 24h，即可得到透明的凝胶。

(2) 干凝胶的获得　将凝胶捣碎，置于烘箱中，100℃温度下充分干燥（24h 以上），除去溶剂和水分，即得干凝胶，研细备用。

(3) 干凝胶的热处理　将上述研细的干凝胶置于 Al_2O_3 坩埚中进行热处理，开始以 4℃·min^{-1} 的速度升温至 250℃，保温 1h，以彻底除去粉料中的有机溶剂。然后再以 8℃·min^{-1} 的速度升温至 800℃，保温 2h，然后自然降至室温，即得到白色或淡黄色固体，研细即可得到结晶态 $BaTiO_3$ 纳米粉。

2. 纳米粉的表征

(1) XRD 表征　将 $BaTiO_3$ 粉涂于专用样品板上，利用 X 射线衍射仪得到其衍射曲线，将得到的数据进行计算机检索或与标准曲线对照，进行物相分析，检测所制得 $BaTiO_3$ 是否为结晶态。根据 Scherrer 方程计算 $BaTiO_3$ 纳米粉的平均粒径。

(2) 纳米晶体形貌分析　取少量样品，利用透射电镜获得电镜照片，分析样品的纳米晶貌，并与 XRD 法所得结果比较。

五、实验讨论

$BaTiO_3$ 的熔点为 1618℃，室温下为四方结构，具有压电效应和铁磁效应，120℃以上转变为立方相。其晶胞结构如图 3-4 所示。

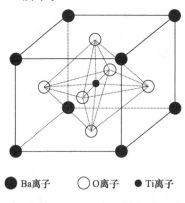

● Ba离子　○ O离子　● Ti离子

图 3-9　$BaTiO_3$ 的晶胞结构

$BaTiO_3$ 是重要的电子材料，可以制作陶瓷电容器、多层薄膜电容器、铁电存储器和压电换能器等，用于通信电子设备和探测器。用 La^{3+} 或 Nb^{5+} 掺杂改性的 $BaTiO_3$，具有 PTC 效应，即正温度系数（positive temperature coefficient）效应。PTC $BaTiO_3$ 在室温时具有很低的电阻率，表现为半导体，温度超过某一值时，其电阻率上升几个数量级。利用 $BaTiO_3$ 的这一特性可以制作陶瓷限流器，热敏开关和恒温器等。

　　$BaTiO_3$ 多以固相烧结法制备，原料为 $BaCO_3$ 和 TiO_2，两者等物质的量混合后于 1300℃ 煅烧，发生固相反应

$$BaCO_3 + TiO_2 \longrightarrow BaTiO_3 + CO_2 \uparrow$$

　　此方法简单易行，成本低，但必须依赖于机械粉碎和球磨，反应温度高、反应不完备、组分均匀性和一致性差、晶粒较大。Sol-Gel 法不但可以得到组分均匀的 $BaTiO_3$ 纳米粉，而且烧成温度大大降低，为高级电子器件生产提供了前提条件。

六、思考题

　　1. 在称量钛酸四丁酯时应注意什么？当称量的钛酸四丁酯比预计的量多，而且已溶于正丁醇中时，以后的实验如何处理？

　　2. 如何才能保证 $Ba(Ac)_2$ 完全转移到钛酸四丁酯的正丁醇溶液中？

　　3. 普通的 Sol-Gel 法中，溶胶中的金属有机物是通过吸收空气中的水分而水解，本实验的溶胶中已存在一定量的水分，但钛酸四丁酯并未快速水解而形成水合 TiO_2 沉淀。请考虑其中的原因。

实验十九 化学反应中的物理现象

一、实验目的
了解物质发光的基本原理。

二、实验原理
"发光"这个词往往是指发光材料被激发过程中的发射现象，激光是一种能量集中单一波长的光，当电子从激发态回到基态时，储备的能量就会被释放出来，而转变成光能，我们从宏观上就可以看到发光现象和颜色的产生。有关光和颜色的理论很多，例如，量子论激发和能级间的跃迁，解释了光现象和颜色产生的过程；配位场理论认为配位场对电子能级的影响，使得过渡元素化合物出现了颜色；分子轨道理论说明了大多数有机物（诸如植物、动物、合成染料及颜料等）的颜色起因；能带理论可以说明金属与合金（如铜、黄金、黄铜）的颜色、某些无机物（如红色水银朱砂矿石）的颜色、某些宝石（如蓝色和黄色钻石、紫晶和烟晶）中色心的颜色等。美国学者 K. Nassau 在 "The Physics and Chemistry of Color"一书中列举了 15 种由光产生颜色的起因，其中很大部分是光和颜色的问题。

本实验涉及的发光是光敏发光和化学发光。光敏发光是指由光源照射光敏材料而产生的发光现象，例如，染料激光器就是让一束激光照射光敏染料，可完全反射染料的荧光，由于染料有较宽的荧光谱带，于是有可能要在较宽的波长范围内来调频激光，并选择激光实际作用。化学发光是指由化学反应而产生的发光现象，例如，化学激光器就是利用化学反应释放出大量能量而产生较大的激光脉冲，该脉冲可达几千焦，并能超过 10^{11} W 的峰值功率，氢和氟的反应就是一个典型的例子，在电和光的引发下，燃烧反应产生激发态的 HF^*，然后产生两个连锁反应

$$F + H_2 \longrightarrow HF^* + H$$

$$H + F_2 \longrightarrow HF^* + F$$

HF^* 产生在一个激发振动态中，并由如下过程产生光和颜色：

$$HF^* + F_2 \longrightarrow HF + 辐射量子$$

目前，化学中光和颜色在各领域中已获得了广泛的实际应用。

发光引发聚合已用于摄影、胶印印刷及制造电子工业上的印刷电路；染料和塑料中的光稳定剂或能量软化剂，可吸收染料或塑料分子的激发能，以保护材料。

磷光和荧光有多种用途，如荧光灯管、X 射线、电视荧屏和钟表的发光显示，广告招贴画中用以突出效果的颜料，高速公路急弯、危险地段的标记，用作金属裂纹的探测和跟踪河流通过洞穴所用的微量分析试剂。

光敏材料可用于变色镜、信息存储和数字计算机的自显自灭软片，还可用于彩色记录，用不同的颜色来书写、阅读及消除信息等。

电子激发态系统的革命性应用是激光技术，广泛运用军事上的瞄准和探测及类似的功能；闪光光解和脉冲激光光解是研究分子高能态的有力武器；利用调频激光器的相应光束去激发个别电子振动能级或同位素，以取代化合物。

此外，在紧急光源、信号分析光源及灵敏度极高的光化学分析中等都有特殊的应用。

1. 光致发光

本实验的第一部分是光致发光实验。如果让一束强光通过变化敏感的染料液体时，大部分光可直接通过，但有些光被吸收，被吸收了的光的互补光在透射光中则呈现了特有的明显颜色。同时，吸收对染料起到了激发作用，当被激发的分子回到基态时，把激发吸收的能量以光的形式散发出去，所发散出的光与被吸收的光有相同的颜色。此实验部分的基本现象是，透射光发生的颜色只是在一个方向（透射光方向）上，而发散光发出的颜色是在各个方向上。

2. 化学发光

本实验的第二部分是关于化学发光（鲁米诺 Luminol，又名发光氨，$C_8H_7N_3O_2$）的实验。鲁米诺是一种较强的化学发光物质，可以被双氧水、二价铁盐和氢氧化钠氧化，在这些反应过程中，会产生一种中间体（邻苯二甲酸胺离子）而处于活化激发状态。当激发态衰变为基态时，有蓝光发出，其发光反应过程可表示如下：

如果溶液中混有适当的光敏染料，在鲁米诺发光之前，其中间体可将能量传递给染料，则可调整光的颜色。

3. 实验形式

最好 2 人同时做实验内容中的 3（1）和 3（3）部分，以利于颜色的比较，因为实验中颜色差别不是很大。

三、实验内容

1. 光致发光

教师将 1mL 左右的亚铁氰化物染料放到若干个烧杯中，将每个烧杯轮流放到投影仪上。在屏幕上观察透射光颜色及光致发光。然后再用眼睛水平地看烧杯的液体，观察现象。

2. 鲁米诺的合成

在 20mL 试管中，加入 0.3g 环状二酰胺，用 5mL 10% NaOH 溶解，再加入 2g 连二亚硫酸钠粉末，用玻璃棒充分搅匀。用酒精灯微火小心加热至沸腾，让试管距火焰远些，保温加热，并不断摇动（千万不要喷出），沸腾保温约 15min，加入 2mL 冰醋酸，让试管自然冷却至室温，再在冷水中冷却约 10min。试管内逐渐析出棕黄色鲁米诺固体。离心分离，并用滴管吸去上层清液，所得产物即为鲁米诺，约 0.3g。

3. 化学发光

（1）准备 40mL 的溶液 A（5mL 的鲁米诺与 NaOH 的混合物放入烧杯中，加 35mL 的蒸馏水，混合均匀）。

（2）准备 50mL 的溶液 B（把 5.0mL 3％亚铁氰化钾和 5mL 3％ H_2O_2 放入 150mL 的烧杯中，再加 40mL 的蒸馏水，混合均匀）。

（3）用量筒取 8mL 的 A 和 4mL 的水，放到 125mL 的锥形瓶中，用 10mL 量筒量取 4mL 的 B 放在暗处。然后把 B 加入 A 溶液中，观察现象。

4. 能量转变

（1）用量筒取 8mL 的 A 和 4mL 的水，放到 125mL 的锥形瓶中，再向混合液中加 2 滴亚铁氰化物染料；用 10mL 的量筒取 4mL 的 B 放在暗处，然后把 B 加入 A 溶液中，观察现象。

（2）用别的染料重复（1）的实验。

四、注意事项

在发光实验中的化学试剂是高分子量的活性有机化合物和一些活性染料。亚铁氰化钾虽然无毒，但是一种较强的泻剂。

五、思考题

1. 鲁米诺的合成一般是由邻苯二甲酸酐在碱性条件下进行的（见下式），但为什么生成时鲁米诺不发光？

环状二酰胺　　鲁米诺

2. 为什么透射光的颜色只是在单一方向，而发散光的颜色不是在单一方向？

实验二十　生活中的化学

一、实验目的

1. 了解鉴别一些掺假食物的化学方法；
2. 学习食物中微量物质的鉴别方法。

二、实验原理

1. 掺假食物的鉴别

（1）鉴别掺杂豆浆或米汤的牛奶

牛奶含有脂肪、磷脂、蛋白质、糖类、无机盐、维生素、酶等丰富的营养成分，有利于增强体质、防病抗衰。牛奶中掺杂豆浆后，由于豆浆含 25% 左右的碳水化合物（主要是棉籽糖、水苏糖、蔗糖和阿拉伯半乳聚糖等），遇碘后呈暗绿色。而掺杂米汤的牛奶，由于存在淀粉，淀粉遇碘则呈蓝色或蓝紫色。由此可定性地判断牛奶中有无掺杂豆浆或米汤。

（2）鉴别掺杂蔗糖的蜂蜜

纯蜂蜜色泽油亮、透明度好、无杂质、具有芬芳的香味，用筷子挑起时能拉成长丝，丝断后能回缩，甚至呈珠状。掺杂的蜂蜜挑起后不成丝，且香味差，回味短。掺杂了蔗糖的蜂蜜，透明度差，加水搅拌会浑浊或产生沉淀，再加 1% AgNO$_3$ 溶液还会产生白色絮状物。

（3）亚硝酸钠与食盐的区别

亚硝酸钠具有毒性，是强致癌物质。它与氯化钠在外观上很相似，均为白色固体，易溶于水，有咸味。烹饪时，若误将亚硝酸钠当作食盐则会引起中毒。氯化钠是强酸强碱盐，其水溶液呈中性。亚硝酸钠是弱酸强碱盐，水解后溶液呈弱碱性。而且亚硝酸钠在酸性条件下，具有氧化性，可将 KI 氧化为单质碘：

$$2NaNO_2 + 2KI + 2H_2SO_4 \Longrightarrow 2NO + I_2 + K_2SO_4 + Na_2SO_4 + 2H_2O$$

2. 食品中有害物质的检测

（1）油条中微量铝的鉴定

油条松脆香口，是很多人喜爱的食物。在油条制作过程中加入了明矾 KAl(SO$_4$)$_2$·12H$_2$O 和苏打粉 Na$_2$CO$_3$，高温时会发生如下反应：

$$Al^{3+} + 3H_2O \longrightarrow Al(OH)_3 + 3H^+$$
$$2H^+ + CO_3^{2-} \longrightarrow H_2O + CO_2 \uparrow$$

产生的 CO$_2$ 使面团膨胀，产生孔隙，并在表面形成一层松脆的皮膜。

由于明矾含有对人体有害的铝元素，长期食用含铝的食物后，铝的化合物会沉积在人体中，使脑组织发生器质性改变，记忆力衰退，甚至痴呆，还会引起骨质疏松，加速人体衰老。

油条在灼烧后经稀硝酸浸泡，在有巯基乙酸的存在下，加茜素磺酸钠，其中的 Al^{3+} 会与茜素磺酸钠生成特征的红色絮状沉淀。

（红色）

（2）松花蛋中铅的鉴定

铅是危害人体健康的元素，它会损害人体的神经系统、造血系统和消化系统。腌制松花蛋的原料常含有铅，致使松花蛋中铅的含量远高于新鲜鸭蛋和咸鸭蛋。

在氨性缓冲溶液中，Pb^{2+} 可与双硫腙形成红色配合物。

该鉴定反应会受到 Fe^{3+}、Sn^{2+}、Cd^{2+}、Cu^{2+} 等的干扰，可用柠檬酸铵和盐酸羟胺加以掩蔽，同时用氯仿（$CHCl_3$）萃取 Pb^{2+} 和双硫腙生成的红色配合物。

（3）白酒中甲醇的检测

甲醇俗称木醇，是一种无色透明、易燃、易挥发的液体，能无限地溶于酒精与水中。甲醇能够麻痹神经，对人体造成持久性危害，如饮用 7～8g 甲醇会使人失明，饮用 15～25g 的甲醇，就会使人致死。以粮食为原料制造的白酒，国家标准规定 100mL 白酒中甲醇含量不得超过 0.04 g。通常工业酒精中含有一定量的甲醇，而一些不法商人则用工业酒精冒充名酒以牟取暴利，严重损害消费者的健康。

甲醇在磷酸介质中被 $KMnO_4$ 氧化为甲醛：

$$5CH_3OH + 2KMnO_4 + 4H_3PO_4 == 5HCHO + 2MnHPO_4 + 2KH_2PO_4 + 8H_2O$$

过量的 $KMnO_4$ 被草酸还原：

$$5H_2C_2O_4 + 2KMnO_4 + 3H_2SO_4 == 2MnSO_4 + K_2SO_4 + 10CO_2 + 8H_2O$$

生成的甲醛与品红-亚硫酸作用生成蓝紫色化合物。利用比色法，将酒样产生的蓝紫色化合物与甲醇标准溶液进行比色，可确定酒样中的甲醇含量是否超标。

三、仪器与试剂

1. 仪器及实验用品

台秤，酒精灯，三脚架，高温炉，打磨机，蒸发皿，坩埚，水浴锅，漏斗，漏斗架，研钵，容量瓶（100mL、1000mL），烧杯（100mL、250mL），试管，比色管，刻度试管，量筒，吸量管，棕色细口瓶，滤纸。

2. 试剂

酸：HCl（6.0mol·L^{-1}，浓），HNO_3（6mol·L^{-1}，1%，1:1），H_3PO_4（85%），H_2SO_4（1:1），巯基乙酸（0.8%）。

碱：NH_3·H_2O（1:1）。

盐：$AgNO_3$（0.1mol·L^{-1}），KI（0.1mol·L^{-1}，1%），茜素磺酸钠（1%），柠檬酸铵（20%）。

其他：淀粉溶液（1%），$CHCl_3$，CCl_4，盐酸羟胺（20%），无水乙醇，甲醇，碘，$NaNO_2$（固），NaCl（固），$KMnO_4$（固），$AgNO_3$（固），NaOH（固），双硫腙三氯甲烷溶液（0.002%）。

四、实验内容

1. 配制碘溶液

取米粒大小的碘固体，溶于 20mL 1% KI 溶液中。配制好的碘溶液置于棕色试剂瓶中。

2. 掺假食物的鉴别

（1）鉴别掺杂豆浆或米汤的牛奶

取两支试管，分别加入正常牛奶和掺杂牛奶各 2mL，再各滴加 2～3 滴碘溶液，混匀，观察颜色变化。正常牛奶呈橙黄色，掺杂豆浆的牛奶呈暗绿色，掺杂米汤的牛奶呈蓝色。

（2）鉴别掺杂蔗糖的蜂蜜

在试管中加入 1mL 待测蜂蜜和 4mL 蒸馏水，振荡搅拌，若有浑浊或沉淀，再滴加 1% $AgNO_3$ 溶液 2 滴，有白色絮状物生成，说明此蜂蜜中含有蔗糖。

（3）亚硝酸钠与食盐的区别

取两支试管，分别加入少量 $NaNO_2$ 和 NaCl 固体，并各加 2mL 蒸馏水使之溶解，用 6mol·L^{-1} HCl 酸化后，滴加 0.1mol·L^{-1} KI 溶液，观察两支试管的现象，再用淀粉溶液鉴别。

3. 食品中有害物质的检测

（1）油条中微量铝的鉴定

取一小块油条切碎放入坩埚内，加热炭化至浓烟散尽（在通风橱中操作），放入高温炉（炉温为 500℃）中灰化至坩埚内物质呈白色灰烬时，停止加热。冷却至室温，加体积比 1∶1 的 HNO_3 溶液溶解灰分。取 2mL 所得溶液，加 0.8% 巯基乙酸溶液 5 滴，摇匀，再加 1mL 1% 茜素磺酸钠溶液，并以 6mol·L^{-1} NH_3·H_2O 碱化，水浴加热，有红色沉淀生成，说明有铝存在。

（2）松花蛋中铅的鉴定

取一个剥去外壳的松花蛋，用打磨机捣碎，按 2∶1 蛋水比加水，搅成匀浆。把所有匀浆倒入蒸发皿中，水浴蒸发至干。再在酒精灯上小心炭化至无烟（在通风橱中操作），移入高温炉内，500℃灰化至坩埚内物质呈白色灰烬，停止加热，冷却至室温，加 1∶1 的 HNO_3 溶液溶解灰分。取 2mL 所得溶液，依次加入 2mL 1% HNO_3 溶液、2mL 20% 柠檬酸铵溶液和 1mL 20% 盐酸羟胺溶液，用 1∶1 的氨水溶液调节溶液 pH≈9，再加入 5mL 含 0.002% 双硫腙的 $CHCl_3$ 溶液，剧烈振荡 1min，静置分层，观察有机层（$CHCl_3$）中红色配合物的生成。

（3）白酒中甲醇的检测

取 0.3mL 待测酒样，加水至 5mL；另取 0.4mL 甲醇标准溶液，加 0.3mL 无甲醇酒精，再加水至 5mL。

在上述两种溶液中，分别加入 2mL $KMnO_4$-H_3PO_4 溶液，摇匀后放置 10min，再加 2mL $H_2C_2O_4$-H_2SO_4 溶液，振荡使其褪色，再加 5mL 品红-亚硫酸溶液，摇匀后于 20℃ 以上静置 30min（若室温低于 20℃，则需置于 20～25℃ 的水浴中静置），观察颜色变化，并与甲醇标准溶液对照颜色的深浅，估计是否超过标准。若颜色深说明酒中的甲醇含量高。

五、注意事项

"白酒中甲醇的检测"实验中相关溶液的配制。

1. $KMnO_4$-H_3PO_4溶液的配制

称取 3g $KMnO_4$，加 15mL 85％ H_3PO_4 溶液和 70mL 蒸馏水，溶解后加水至 100mL，混匀。储存于棕色瓶中，为防止氧化能力下降，保存时间不宜过长。

2. $H_2C_2O_4$-H_2SO_4溶液的配制

称取 5g 无水草酸（或 7g $H_2C_2O_4 \cdot 2H_2O$），溶于 100mL 1∶1 的 H_2SO_4 溶液中。

3. 品红-亚硫酸溶液的配制

称取 0.1g 碱性品红，研细后分批加入 160mL 80℃的蒸馏水中，冷却后，吸取上层清液（必要时过滤）于 100mL 容量瓶中，并加入 10mL 10％ Na_2SO_3 溶液，1mL 浓盐酸，加蒸馏水至刻度，充分混匀，放置过夜。溶液无色时才可使用。若溶液仍有颜色，可加少量活性炭搅拌后过滤，储存于棕色瓶中，置暗处保存。

4. 无甲醇酒精的制备

量取无水酒精 300mL，加入少量 $KMnO_4$ 固体，于沸水浴中蒸馏。在馏出液中加硝酸银溶液（1g $AgNO_3$ 溶于少量水中）和氢氧化钠的酒精溶液（1.5g NaOH 溶于少量温热的酒精中），摇匀，静置过夜。取上层清液再蒸馏。收集中间馏出液约 200mL 备用。

5. 甲醇标准溶液的配制

准确吸取 1.27mL 蒸馏过的甲醇。移入 100mL 容量瓶中，加水至刻度，摇匀。使用时，吸取 10mL 此标准溶液于 100mL 容量瓶中加蒸馏水至刻度，此溶液含甲醇 1mg·mL^{-1}。

六、思考题

1. 如何鉴别正常牛奶和掺豆浆或米汤的牛奶？
2. 正常蜂蜜和掺糖蜂蜜有何不同？如何鉴别？
3. 如何区别亚硝酸钠和食盐？
4. 如何鉴定食品中的有害元素铝和铅？
5. 甲醇对人体有严重的危害，如何检验白酒中的甲醇含量是否超标？

实验二十一　异形肥皂的制备

一、实验目的

1. 了解皂化反应原理及肥皂的制备方法；
2. 熟悉盐析的原理和方法；
3. 了解肥皂去污的原理；
4. 利用皂化反应制备各类异形肥皂。

二、实验原理

肥皂的主要成分是高级脂肪酸的钠盐或钾盐，其结构如图 3-10 所示。其中的烃基是非极性的憎水部分，而羧酸根是极性的亲水部分。

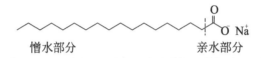

憎水部分　　　　　　　　　　亲水部分

图 3-10　高级脂肪酸钠的结构

肥皂的去污原理如图 3-11 所示。在水中，肥皂的亲水部分插入水中，憎水部分被排出水面外，从而降低了水分子之间的引力，亦即降低了水的表面张力；同时，在水面外的憎水烃基靠范德华引力靠在一起，而亲水基团则包在外面与水相连接，形成一粒一粒的胶束。如遇到油污，其憎水部分就进入油滴内，而亲水部分伸在油滴外面的水中，形成稳定的乳浊液。由于水表面张力的降低，使油质较易被润湿，并使油污与它的附着物（纤维）逐渐分开，受机械振动，脱离附着物分散成细小乳浊液，随水漂洗而去。

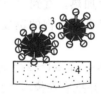

图 3-11　肥皂去污原理图

1—亲水基；2—憎水基；3—油污；4—纤维织品

用于制备肥皂的主要原料是油脂，包括植物油和动物脂肪，它在制备肥皂过程中提供长链脂肪酸。以 $C_{12} \sim C_{18}$ 的脂肪酸所制备的肥皂洗涤效果最好，因此制备肥皂的常用油脂是椰子油（C_{12} 为主）、棕榈油（$C_{16} \sim C_{18}$ 为主）、猪油或牛油（$C_{16} \sim C_{18}$ 为主）等。脂肪酸的不饱和度会对肥皂品质产生影响。不饱和度高的脂肪酸制成的皂，质软而难成块状，抗硬水性能也较差。所以通常要把部分油脂催化加氢使之成为氢化油（或称硬化油），然后与其他油脂搭配使用。

制备肥皂使用的碱主要是碱金属氢氧化物。由碱金属氢氧化物制成的肥皂具有良好的水溶性。由碱土金属氢氧化物制得的肥皂一般称作金属皂，难溶于水，主要用作涂料的催干剂和乳化剂，不作洗涤剂用。

为了改善肥皂产品的外观和拓宽用途，可加入色素、香料、抑菌剂、消毒药物以及酒精、白糖等，以制成香皂、药皂或透明皂等产品。同时，也可以将它制备成各种形状的异形肥皂。

油脂与氢氧化钠溶液发生的皂化反应如下：

$$\begin{array}{c} CH_2OOCR_1 \\ | \\ CHOOCR_2 \\ | \\ CH_2OOCR_3 \end{array} + NaOH \longrightarrow \begin{array}{c} CH_2OH \\ | \\ CHOH \\ | \\ CH_2OH \end{array} + R_1COONa + R_2COONa + R_3COONa$$

不同种类的油脂，由于其组成有别，皂化时需要的碱量不同。碱的用量与各种油脂的皂化值（完全皂化 1g 油脂所需的氢氧化钾的毫克数）和酸值有关。表 3-2 列出了一些油脂的皂化值。

表 3-2　一些油脂的皂化值

油脂	椰子油	花生油	棕榈油	牛油	猪油
皂化值	185	137	250	140	196

三、仪器与试剂

1. 仪器及实验用品

烧杯、量筒、蒸发皿、玻璃棒、酒精灯、铁圈、铁架台、火柴。

2. 试剂

植物油，NaOH 溶液，饱和食盐水，95％酒精，纯水

四、实验内容

1. 在一干燥的蒸发皿中加入 6g 植物油、5mL 乙醇和 10mL 40％氢氧化钠溶液。

2. 在搅拌下，给蒸发皿中的液体微微加热，加热过程中加入体积比为 1:1 的乙醇与水混合液，直到混合物变稠。

3. 继续加热，直到把一滴混合物加到水中时，在液体表面不再形成油滴为止。

4. 把盛有混合物的蒸发皿放在冷水中冷却，然后加入 150mL 氯化钠饱和溶液，充分搅拌。

5. 向其中加入 1～2 滴香料，用定性滤纸滤出固态物质，弃去含有甘油的溶液，把固态物质挤干，并把它在模具中压制成型，晾干，即制成肥皂。

五、实验注意事项

1. 油脂不易溶于碱水，加入乙醇的目的是增加油脂在碱液中的溶解度，乙醇的高挥发性将水分快速带出，加快皂化反应速度。

2. 加热用小火或热水浴。

3. 皂化反应时，保持混合液体积不变，不能让蒸发皿里的混合液蒸干或溅到外面。

六、思考题

1. 在制肥皂的反应中，为什么要加入乙醇？

2. 皂化反应结束后，在冷却的混合物中加入 150mL 氯化钠饱和溶液的作用是什么？

实验二十二 三氯化六氨合钴（Ⅲ）的制备、组成及分裂能测定

一、实验目的

1. 合成三氯化六氨合钴（Ⅲ）并测定其组成；
2. 加深关于配合物的形成对三价钴稳定性的影响的理解；
3. 学习配合物分裂能的测定方法。

二、实验原理

根据有关电对的电极电势可知，在通常情况下，二价钴盐较三价钴盐要稳定得多，而在它们的络合状态下却正相反，三价钴反而比二价钴稳定，因此，通常采用空气或过氧化氢氧化二价钴的方法，来制备三价钴的配合物。

氯化钴（Ⅲ）的氨合物有许多种，主要有三氯化六氨合钴（Ⅲ）$[Co(NH_3)_6]Cl_3$（橙黄色晶体），三氯化一水·五氨合钴（Ⅲ）$[Co(NH_3)_5(H_2O)]Cl_3$（砖红色晶体），二氯化一氯·五氨合钴（Ⅲ）$[Co(NH_3)_5Cl]Cl_2$（紫红色晶体）等，它们的制备条件各不相同，在没有活性炭存在下制得的是二氯化一氯·五氨合钴（Ⅲ），有活性炭存在下制得的主要是三氯化六氨合钴（Ⅲ）。本实验就是用活性炭作催化剂，在过量氨及氯化铵存在下，用过氧化氢氧化氯化亚钴溶液，来制备三氯化六氨合钴（Ⅲ）的。其总反应：

$$2CoCl_2 + 2NH_4Cl + 10NH_3 + H_2O_2 \Longrightarrow 2[Co(NH_3)_6]Cl_3 + 2H_2O$$

得到的固体产品中混有大量活性炭，可以将其溶解在酸性溶液中，先与活性炭分离，随后在高浓度盐酸中令其结晶出来。

三氯化六氨合钴（Ⅲ）为橙黄色单斜晶体，20℃时在水中的溶解度为 $0.26mol \cdot L^{-1}$。在溶液中存在如下的平衡：

$$[Co(NH_3)_6]^{3+} \Longrightarrow Co^{3+} + 6NH_3 \qquad K_d^{\ominus} = 2.2 \times 10^{-34}$$

$$[Co(NH_3)_6]^{3+} + H_2O \Longrightarrow [Co(NH_3)_5(H_2O)]^{3+} + NH_3$$

$$[Co(NH_3)_5H_2O]^{3+} \Longrightarrow [Co(NH_3)_5(OH)]^{2+} + H^+$$

从配合物的解离平衡常数 $K_d^{\ominus}$ 值可以看出 $[Co(NH_3)_6]^{3+}$ 是很稳定的，在强碱（冷时）或强酸作用下基本不被分解。只有加入强碱后，在沸腾的条件下才分解：

$$2[Co(NH_3)_6]Cl_3 + 6NaOH \xrightarrow{沸腾} 2Co(OH)_3\downarrow + 12NH_3\uparrow + 6NaCl$$

在 215℃时，$[Co(NH_3)_6]Cl_3$ 即转化为 $[Co(NH_3)_5Cl]Cl_2$。若进一步加热超过 250℃ 则被还原为 $CoCl_2$。

本实验内容主要包括：制备钴的配合物，测定配合物中氨的含量，测定配合物中钴的含量，测定配合物中氯的含量。

在由 NH_3 形成的八面体场中，配离子 $[Co(NH_3)_6]^{3+}$ 的中心离子 Co^{3+} 的 5 个原本简并的 3d 轨道分裂成两组，中心离子 Co^{3+} 的 4 个 3d 电子处于能量较低的 t_{2g} 轨道，会吸收一定波长的可见光，在分裂的 d 轨道之间跃迁（称之为 d-d 跃迁），即由 t_{2g} 轨道跃迁到 e_g 轨道。

3d 电子所吸收光电子的能量应等于 e_g 轨道和 t_{2g} 轨道之间的能量差（$E_{e_g} - E_{t_{2g}}$），亦即和 $[Co(NH_3)_6]^{3+}$ 的分离能 Δ_o 相等：

$$E_光 = h\nu = E_{e_g} - E_{t_{2g}} = \Delta_o$$

因为
$$\Delta_o = h\nu = \frac{hc}{\lambda} = hc\sigma \quad (\sigma \text{ 称为波数})$$

所以
$$\sigma = \frac{\Delta_o}{hc}$$

而
$$hc = 6.626 \times 10^{-34}(J \cdot S) \times 3 \times 10^{10}(cm \cdot S^{-1})$$
$$= 6.626 \times 10^{-34} \times 3 \times 10^{10}(J \cdot cm) \quad (\text{因为 } 1J = 5.034 \times 10^{22} cm)$$
$$= 6.626 \times 10^{-34} \times 3 \times 10^{10} \times 5.034 \times 10^{22} cm$$
$$= 1$$

所以
$$\sigma = \Delta_o$$

$$\Delta_o = \sigma = \frac{1}{\lambda}(nm^{-1}) = \frac{1}{\lambda} \times 10^7 (cm^{-1})$$

λ 值可以通过吸收光谱求得：选取一定浓度的 $[Co(NH_3)_6]^{3+}$ 溶液，用分光光度计测出不同波长 λ 下的吸光度 A，以 A 为纵坐标、λ 为横坐标作图可得吸收曲线。找到紫外吸收曲线中对应的 d-d 跃迁吸收峰，该吸收峰的最大吸收波长 λ_{max} 即为 $[Co(NH_3)_6]^{3+}$ 的最大吸收波长，即：

$$\Delta_o = \frac{1}{\lambda_{max}} \times 10^7 \quad (cm^{-1}) \qquad (\lambda_{max} \text{单位为 nm})$$

三、仪器与试剂

1. 仪器及实验用品

紫外分光光度计，电子天平（0.1 g，0.1mg），循环水式真空泵，鼓风干燥箱，电热套，恒温水浴锅，移液管（25 mL、10 mL 各 1 支），移液管架（1 个），量筒（50、10 mL 各 2 个），广泛 pH 试纸，冰块

2. 试剂

酸：　浓 HCl	6.0mol·L⁻¹ HCl	
碱：　浓氨水	20%NaOH	
其他：5%K₂CrO₄	6%H₂O₂	0.1%甲基红
95%乙醇	NH₄Cl 固体	KI 固体
活性炭	CoCl₂·6H₂O 固体	0.5%淀粉溶液
0.05mol·L⁻¹ Na₂S₂O₃ 标准溶液	0.1mol·L⁻¹ AgNO₃ 标准溶液	
0.5mol·L⁻¹ HCl 标准溶液	0.5 mol·L⁻¹ NaOH 标准溶液	

四、实验内容

1. 制备三氯化六氨合钴(Ⅲ)

在 100mL 锥形瓶中加入 4.5g 研细的 CoCl₂·6H₂O、6g NH₄Cl 和 5mL 水，加热溶解后加入 0.25 g 活性炭，冷却，加入 15mL 浓氨水，进一步冷至 10℃ 以下。

缓缓加入 10mL 6%H₂O₂，在水浴上加热至 60℃，恒温 20min。用自来水流冷却后再以冰水冷却。用布氏漏斗抽滤，将沉淀溶于含有 3.0mL 浓 HCl 的 40mL 沸水中，趁热过滤，慢慢加入 5mL 浓 HCl 于溶液中，以冰水冷却，即有晶体析出。过滤，用少量乙醚洗涤（约5mL）抽干，在 105℃ 以下烘干，称重。

2. 三氯化六氨合钴(Ⅲ)的组成测定

（1）氨的测定

三氯化六氨合钴(Ⅲ)在碱作用下沸腾时，即分解出 NH_3，在加热的条件下，NH_3 即挥发逸出。逸出的 NH_3 在冰水浴情况下用标准 HCl 吸收，过量的酸用标准碱回滴。

基本反应为：

$$2\,[Co(NH_3)_6]\,Cl_3 + 6NaOH \xrightarrow{\text{沸腾}} 2Co(OH)_3\downarrow + 12NH_3\uparrow + 6NaCl$$

测 NH_3 时，在分析上用返滴法进行。这时：

$$n_{NH_3} = c_{HCl}V_{HCl} - c_{NaOH}V_{NaOH}$$

$$w_{NH_3} = \frac{(c_{HCl}V_{HCl} - c_{NaOH}V_{NaOH})M_{NH_3}}{m_{产品}\times 1000}\times 100\%$$

测定步骤：准确称取所制产品 0.2000g，倾入 100mL 圆底烧瓶中，加 20mL 蒸馏水溶解，然后再加 10mL 10%NaOH 溶液，在另一磨口锥形瓶中用移液管准确加入 35.00mL $0.5000mol\cdot L^{-1}$ 标准 HCl 溶液，并放入冰水浴中冷却。

按图 3-12 所示的装置，各个接口处密封结合后，将电热套温度调至 130~140℃左右，保持微微沸腾状态蒸馏 1h 左右，即可将溶液中的氨全部蒸出。蒸馏完毕，用蒸馏水冲洗冷凝管和尾接管内外，洗涤液倒入氨吸收瓶中。取下吸收瓶，以 0.1%甲基红溶液为指示剂，用 $0.5000mol\cdot L^{-1}$ 标准 NaOH 溶液滴定至颜色由红变为橙色时即为终点。

（2）钴的测定

将上面蒸出 NH_3 之后的样品溶液冷却，取下蒸馏头，将溅出的液珠全部用蒸馏水淋洗到样品溶液中，加入 1g 固体 KI 使之溶解。再加入 12mL 左右 $6mol\cdot L^{-1}$ HCl 溶液，于暗处放置约 10min。再加入 60~70mL 蒸馏水，用

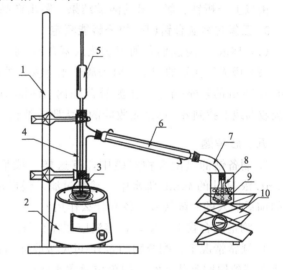

图 3-12 测氨装置图

1—铁架台；2—电热套；3—圆底烧瓶；4—蒸馏头；5—移液管；
6—冷凝管；7—真空尾接管；8—锥形瓶；9—冰水浴；10—升降台

$0.0500mol\cdot L^{-1}$ 标准 $Na_2S_2O_3$ 溶液滴至浅黄色时，加入 3mL 1‰淀粉溶液，继续滴定至溶液呈粉红色即为终点，计算钴的含量。

$$w_{Co} = \frac{c_{Na_2S_2O_3}V_{Na_2S_2O_3}\times 59g\cdot mol^{-1}}{m\times 1000}$$

式中，$59g\cdot mol^{-1}$ 为 Co 的原子量；m 为样品质量，g。

（3）氯的测定

以 K_2CrO_4 作指示剂，用银量法测定，其简单原理如下。

在中性 Cl^- 溶液中以 K_2CrO_4 为指示剂，用 $AgNO_3$ 标准溶液进行滴定时，AgCl 首先沉淀出来，待接近终点时，由于 Ag^+ 浓度迅速增加，达到了 Ag_2CrO_4 的溶度积，此时形成砖红色 Ag_2CrO_4 沉淀即指示出终点。

注意事项：

① 该法只能在中性或弱碱性（pH＝6.5～10.5）溶液中进行，若溶液为酸性时，则 CrO_4^{2-} 可与 H^+ 发生如下反应

$$2H^+ + 2CrO_4^{2-} == Cr_2O_7^{2-} + H_2O$$

因而降低了 CrO_4^{2-} 浓度，影响 Ag_2CrO_4 沉淀与生成。

若溶液为强碱性时，则 $AgNO_3$ 会生成 Ag_2O 沉淀。

② 由于 AgCl 的生成会吸附溶液中的 Cl^- 使溶液中 Cl^- 浓度偏低，以致未到终点时 Ag_2CrO_4 会过早产生，引入误差。因此，滴定过程中应剧烈摇动，使被吸附的 Cl^- 释出。

测氯步骤如下。

精确称取所制产品 0.2g 左右于锥形瓶中，用少量水溶解，调节 pH 值至合适，以 5％ K_2CrO_4 溶液为指示剂（每次 1mL），用 $0.1000mol \cdot L^{-1}$ $AgNO_3$ 标准溶液滴定，出现的淡红色不再消失即为终点。按照滴定的数据计算氯的百分含量。

$$w_{Cl} = \frac{c_{AgNO_3} V_{AgNO_3} \times 35.5g \cdot mol^{-1}}{m \times 1000}$$

由以上分析钴、氯、氨的测试结果，写出产品的实验式。

3. 三氯化六氨合钴(Ⅲ)的分裂能测定

（1）称取 0.1g 新制备的三氯化六氨合钴(Ⅲ)，加去离子水配制成 20mL 溶液。

（2）吸光度曲线的测定：以去离子水为参比液，用带电脑采集的紫外-可见分光光度计在 300～750nm 的紫外-可见工作波长范围内，间隔 1nm，扫描 $[Co(NH_3)_6]^{3+}$ 的吸光度曲线。在吸收曲线上找到 d-d 跃迁吸收峰的最大吸收波长 λ_{max}，计算 $[Co(NH_3)_6]^{3+}$ 的分裂能 Δ_o。

五、思考题

1. 制备钴的氨配合物实验中，有这样一段话："用布氏漏斗抽滤，将沉淀溶于含有 3.0mL 浓 HCl 的 40mL 沸水中，趁热过滤，慢慢加入 5mL 浓 HCl 于溶液中，以冰水冷却。"请问前后加入的"浓盐酸"各起什么作用？

2. 测定配合物中的氯时，溶液应在什么条件？为什么？

3. 通常情况下，配合物的紫外-可见吸收光谱曲线图中，会有哪些类型的吸收峰？形成各吸收峰的原因是什么？Δ_o 的单位通常是什么？

第四章　上机模拟实验

实验二十三　军事生活中的化学

一、化学毒剂及其侦检

1. 实验导言

化学武器指进行化学战的武器，它是利用毒剂的毒害作用来杀伤人员、牲畜及植物等的一种大规模毁灭性武器。

国际上，化学军控与裁军经历了曲折而又艰辛的道路后，《关于禁止发展、生产、储存和使用化学武器及销毁此种武器的公约》（简称为《禁止化学武器公约》）已于 1997 年正式生效，但化学武器并未随着公约的生效而立刻消失，化学武器的威胁依然存在，对化学武器的防护及相关问题的研究仍然是十分必要的。

（1）有毒化学品

有毒化学品是指通过对生命过程的化学作用而能够造成人类或动物死亡、暂时失能或永久伤害的任何化学品。有毒化学品专指有毒化学物质，是构成化学武器的重要基础，但不是所有的有毒化学品都可以称为毒剂。《禁止化学武器公约》在附表中列出可作为毒剂的有毒化学品种类，同时对有毒化学品的使用目的和数量也有明确界定。

（2）毒剂

在军事行动中，以毒害作用杀伤人、畜的化学物质称为化学毒剂，简称毒剂，也称化学战剂，在早期的一些出版物中称"毒气"。它是化学武器的基本组成部分，决定着化学武器的性能。因此，作为化学武器使用的毒剂，应该具备以下五个基本条件：一是毒性大，作用快，能多途径中毒；二是容易造成一定的杀伤浓度或密度，并有一定的持久性；三是难以发现、防护、消毒和救治；四是性质稳定，便于储存；五是原料易得、便宜，能大量生产。

毒剂是化学武器的基础，它决定着化学武器的性能和使用方式。毒剂本身的多种多样决定了毒剂的使用方式也多种多样，它既可装填于炮弹、火箭弹、航弹甚至导弹中，也可装于特种布撒器内使用。毒剂既可以液滴、蒸气和粉末等状态使用，也可成为悬浮于气体中的气溶胶状态。

毒剂的分类方法有多种，各有其优点。常见的对化学毒剂的分类方法有以下三种：按战术作用分类、按毒害作用分类和按化学结构分类。

（3）化学武器

从传统意义上讲，化学武器是一类大规模杀伤破坏性武器，用通俗的语言来定义化学武器，化学武器即是指利用化学物质的毒性以杀伤有生力量的各种武器和器材的总称，其杀伤作用是以化学物质的毒性为基础。通常，化学武器包括装有毒剂的化学炮弹、航空炸弹、火箭弹、导弹、榴弹、地雷、布毒车、航空布撒器和气溶胶发生器，以及装有毒剂前体的二元化学弹药等。

在《禁止化学武器公约》中，化学武器的定义是合指或单指：①有毒化学品及其前体，但预定用于本公约不加禁止的目的者除外，只要种类和数量符合此种目的；②经专门设计通过使用后而释放出的①项所指有毒化学品的毒性造成死亡和其他伤害的弹药和装置；③经专门设计其用途与本款②项所指弹药和装置的使用直接有关的任何设备。

化学武器由三个部分组成：一是以其直接毒害作用干扰和破坏人体的正常生理功能，造成他们失能、永久性伤害或死亡的毒剂；二是装填毒剂并把它分散成战斗状态的化学弹药或装置，如钢瓶、毒烟罐、气溶胶发生器、布撒器、各种炮弹、航弹、火箭弹以及导弹弹头等；三是用以把化学弹药或装置投送到目标区的发射系统或运载工具，如大炮、飞机、火箭、导弹等。

化学武器相对于核武器、生物武器来说，生产技术简单，装备费用低廉，几乎有化工工业生产能力的国家都能生产化学武器。

（4）化学毒剂的化学侦检

化学侦检是指在化学战中，为查明敌人使用化学武器的有关情况，了解、掌握化学武器对战场影响的有关信息而组织的侦察。

第一次世界大战期间，化学武器首次在战场上出现，化学侦察装备就随之而产生。随着科学技术的发展和高效性、速杀性毒剂的出现，化学侦察装备逐渐发展完善起来，其中侦检、化验器材及侦检方法的发展过程可以分为初始、发展和完善三个阶段。

目前，随着色谱质谱联用等高技术的应用，能在现场侦检已知和未知结构的毒剂。由于微传感器和微机控制技术在毒剂侦检分析中的应用，推动了侦检器材小型化和自动化的研究，不仅可以对多种毒剂进行报警，又能进行分辨，使侦毒、报警一体化，而且侦检结果能迅速地传递到指挥机构。现在，各国已建立对毒剂的侦检分析系统，侦检、化验器材已基本配套，可以完成对已知毒剂侦检、分析、化验、取样和对未知毒剂的结构分析及其鉴定。化学侦察装备的主要发展方向是研制能对大面积毒区进行远距离观测的化学观测预警器材；能同时对多种毒剂进行侦毒、报警和分辨的多功能侦毒器材；能在多种场合对极低浓度毒剂进行监测的多功能侦毒器材；能对未知毒剂分子结构进行快速分析的毒剂自动分析仪等。

（5）化学战与《禁止化学武器公约》

化学战就是使用化学物质毒害人畜和植物、杀伤有生力量的作战方式，化学战在过去俗称"毒气战"。

由于化学战带来的后果是毁灭性的、灾害性的，在道义上是灭绝人性的，世界各国正义者在很早就反对在战争中使用化学武器。1993年1月，诸多国家在法国首都巴黎再次签订了《禁止化学武器公约》。1993年1月13日，中国外交部部长钱其琛代表中国政府在《关于禁止化学武器公约》上签字，成为了公约的签署国。1997年4月25日，中国正式向联合国秘书长递交了全国人大常务委员会的批准书，成为87个公约创始缔约国之一。

《禁止化学武器公约》的宗旨和目的是：决心采取行动以切实促进严格和有效国际监督下的全面彻底裁军，包括禁止和消除一切类型的大规模毁灭性武器。禁止化武组织成员国数已达到178个，该公约在限制生产、使用化学武器上起到了十分关键的作用。

我国一贯反对制造和使用化学武器，主张全面禁止和彻底销毁化学武器。始终支持《关于禁止化学武器公约》的宗旨、目标和原则。

2. 实验内容与实验方法

（1）明确实验目的、任务、内容，自学选修学习内容。

（2）在教师的指导下，在理论课学习的基础上，查阅资料、拟定学习方案、参观相关实验室、通过网上模拟实验室自学。主要学习有毒化学品、毒剂、化学武器、二元化学武器、化学战等方面基本知识。了解国际上常见化学武器的特点及袭击方式，了解毒剂的分类、毒剂组成、毒剂的一般理化性质、毒剂的战斗状态与主要中毒途径、中毒症状、毒害机理以及防护、侦检、洗消与急救等方面的基本知识。还应了解化学武器的发展简史及方向、化学武器特点及对作战的影响、《禁止化学武器公约》组织的基本组成及任务、《禁止化学武器公约》特点及内容等方面的知识。

（3）提交学习报告。

二、军事环境污染的化学处理

1. 实验导言

在军事活动（军事科研、装备生产、维修及报废等）过程中有可能产生有毒、有害物质而造成对环境的不利影响，构成军事环境污染的问题。军事环境保护是国家环境保护的重要组成部分，也是军队自身建设的重要内容。具有军事环境保护方面的意识，学习、了解或掌握军事环境污染的化学处理方面的知识、技能对于从事军事活动的工作者是必要的。

军事活动对环境产生的有害物质或不利影响主要分为废水、废气、辐射、固体废料及噪声 5 类。本实验主要学习军事特种废水的处理问题。

军事特种废水指武器试验、军事训练、科学研究、武器和装备生产维修与报废过程中产生的废水，主要有以下 6 种代表性废水。

（1）推进剂废液、废水：在卫星、导弹发射以及推进剂生产、储存、运输、转注等过程中会产生一定量的废液和废水。这些废液和废水具有致癌、致畸、致突变的毒性，在人体内积累可引起慢性中毒。直接排放会对周边的土壤、水源、空气产生较大的危害。

（2）弹药拆解废水：弹药在超期服役后要进行报废处理。在弹药拆解、弹壳蒸煮过程中排放的废液和废水中可能含有 TNT、油脂等污染物。TNT 的毒性很大，当废水中的 TNT 达到 $10\text{mg} \cdot \text{L}^{-1}$ 时，鱼类在 30min 内即会处于死亡状态，该类废水对环境造成难以恢复的危害。

（3）舰船油污水：舰船停靠港口清理机械舱、油舱时排放出一定量的含油废水。一个一定规模的军港一年排放上万吨这类废水，对军港码头水域产生很大污染。

（4）武器和装备生产维修与报废过程中产生的废水：部队各种武器、装备（坦克、飞机、车辆）在生产、研制、维修等过程中产生一定量的废液和废水。

（5）军事化学废水：掩护性产品的生产以及科学实验过程中产生的一些化学废水。

（6）放射性废水：各种核设施、核试验过程中产生的放射性废水，主要含有一些衰变周期长的放射性元素，这类废水亦属于危险性废水。

军事特种废水来源于各种军事活动，废水中的污染物具有成分复杂，污染因子多，毒性大等特征。

2. 实验内容与实验方法

（1）明确实验目的、任务、内容，选修自学学习内容。

（2）在教师的指导下，在理论课学习的基础上，查阅文献、拟定学习方案、通过网上模拟实验室实验学习军事环境污染方面知识，了解军事环境污染的种类、来源、危害、检测、化学处理等方面的基本知识。

（3）提交学习报告。

三、消毒剂的性能及其应用

1. 实验导言

凡能与毒剂起化学作用，使毒剂失去毒性的物质均称为消毒剂。按一定比例将消毒剂溶于某种溶剂中所形成的溶液叫消毒液。常用的消毒剂有漂白粉类（漂白粉、三合二、次氯酸钙）、氯胺类（一氯胺、二氯胺和六氯胺）、碱性消毒剂（氢氧化钠、碳酸钠、氨水等）和氧化剂类。

（1）漂白粉类消毒剂

漂白粉类消毒剂主要有漂白粉和次氯酸钙碱式盐。

漂白粉又名"氯化石灰"，是一种最常用的消毒剂。它是一种混合物，成分比较复杂，没有分子式。主要起作用的成分是次氯酸钙、氢氧化钙、氯化钙。

次氯酸钙碱式盐主要是次氯酸钙和氢氧化钙复合盐。有下列两种：

次氯酸钙合二氢氧化钙，化学分子式为 $Ca(ClO)_2 \cdot 2Ca(OH)_2$，简称"一合二"。

三次氯酸钙合二氢氧化钙，化学分子式为 $3Ca(ClO)_2 \cdot 2Ca(OH)_2$，简称"三合二"。

漂白粉和次氯酸钙碱式盐均为白色粉末，有氯气味，难溶于水和有机溶剂，在水中形成浑浊液并沉淀。

漂白粉和次氯酸钙碱式盐中主要成分为次氯酸钙，因此具有较强的氧化和氯化作用，当气温在5℃以上时，它能迅速氧化或氯化 G 类、V 类及糜烂性毒剂，使之生成无毒的物质，起到消毒作用。因此漂白粉类消毒剂可用于 G 类、V 类及糜烂性毒剂的消毒。

漂白粉类消毒剂质量的好坏是用其含有的有效氯来衡量的。所谓有效氯是指一定的消毒剂与酸作用，反应完全时，其氧化能力相当于多少质量的氯气的氧化能力。

（2）氯胺类消毒剂

氯胺类化合物很多，能作为消毒剂的有一氯胺、二氯胺和六氯胺。

氯胺有氯胺 B 和氯胺 T。用苯为原料制得的氯胺称为"氯胺 B"，用甲苯为原料制得的氯胺叫"氯胺 T"。

一氯胺有一氯胺 B 和一氯胺 T 两种，均为白色或浅黄色晶体，有微氯气味，能溶于水，稍溶于乙醇，不溶于其他有机溶剂。

二氯胺有二氯胺 B 和二氯胺 T 及二氯胺 C 三种（用对氯苯磺酸或对氯苯磺酰氯为原料合成的二氯胺为二氯胺 C），二氯胺均为白色或浅黄色晶体，有微氯气味，不溶于水，溶于二氯乙烷和四氯化碳。

六氯胺为浅黄色结晶，不溶于水，稍溶于四氯化碳，易溶于其他有机溶剂。

一氯胺能使芥子气和路易氏气失去糜烂作用，但不能对氮芥子气消毒。二氯胺和六氯胺不但能使芥子气和路易氏气失去作用，也能对氮芥子气作用。六氯胺对于氮芥子气最为有效。一氯胺和二氯胺不能用来对 G 类毒剂消毒，二氯胺对 V 类毒剂是一种良好的消毒剂。

（3）碱性消毒剂

消毒时，常使用碱性物质，在一些情况下，某些碱性物质就是消毒剂。第一，碱可以与许多毒剂作用，破坏其毒性，如氢氧化钠、硫化钠常用来对 G 类毒剂消毒。第二，碱可以中和毒剂水解时生成的酸，使消毒反应加快以及防止生成的酸对染毒体的危害。常见的碱性消毒剂有氢氧化钠、碳酸钠、碳酸氢钠、氢氧化钙、氨水、羟乙胺、硫化钠等。

氢氧化钠常配成5％～10％水溶液使用，能对G类毒剂和路易氏气消毒，对芥子气、氮芥子气消毒比较困难，不能用来对V类毒剂消毒。

碳酸钠水溶液可以用来对染有沙林毒剂的地面、码头和武器消毒，0.5％的水溶液也可用于飞机表面的消毒以及用煮沸法对服装消毒。

对中毒人员急救时常用2％的碳酸氢钠水溶液。

氨水可以对苯氯乙酮、CS、光气、双光气、G类、卤化腈等毒剂消毒。

羟乙胺可用于G类毒剂的消毒。

硫化钠能与芥子气、路易氏气、光气、双光气、苯氯乙酮、G类毒剂等作用。10％的硫化钠溶液可用于G类毒剂的地面消毒，20％～30％的硫化钠溶液能用于粗糙木材、金属表面、舰艇甲板的消毒。

（4）氧化剂类消毒剂

能用作消毒用的氧化剂有硝酸、高锰酸钾和碘等。

硝酸是强酸，又是强氧化剂，可用来对持久性毒剂消毒。高锰酸钾水溶液、碘酒可用于路易氏气消毒。

2. 实验内容与实验方法

（1）明确实验目的、任务、内容，自学选修学习内容。

（2）在教师的指导下，在理论课学习的基础上，查阅资料、拟定学习方案、参观相关实验室、通过网上模拟实验室自学。学习、掌握消毒剂的分类、理化性质、消毒机理、性能及其应用方法等。

（3）提交学习报告。

附　　录

附录1　国际相对原子质量表

序数	名称	符号	相对原子质量	序数	名称	符号	相对原子质量
1	氢	H	1.00794	30	锌	Zn	65.39
2	氦	He	4.002602	31	镓	Ga	69.723
3	锂	Li	6.941	32	锗	Ge	72.61
4	铍	Be	9.012182	33	砷	As	74.92160
5	硼	B	10.811	34	硒	Se	78.96
6	碳	C	12.0107	35	溴	Br	79.904
7	氮	N	14.00674	36	氪	Kr	83.80
8	氧	O	15.9994	37	铷	Rb	85.4678
9	氟	F	18.9984032	38	锶	Sr	87.62
10	氖	Ne	20.1797	39	钇	Y	88.90585
11	钠	Na	22.989770	40	锆	Zr	91.224
12	镁	Mg	24.3050	41	铌	Nb	92.90638
13	铝	Al	26.981538	42	钼	Mo	95.94
14	硅	Si	28.0855	43	锝	Tc	(98)
15	磷	P	30.973761	44	钌	Ru	101.07
16	硫	S	32.066	45	铑	Rh	102.90550
17	氯	Cl	35.4527	46	钯	Pd	106.42
18	氩	Ar	39.948	47	银	Ag	107.8682
19	钾	K	39.0983	48	镉	Cd	112.411
20	钙	Ca	40.078	49	铟	In	114.818
21	钪	Sc	44.955910	50	锡	Sn	118.710
22	钛	Ti	47.867	51	锑	Sb	121.760
23	钒	V	50.9415	52	碲	Te	127.60
24	铬	Cr	51.9961	53	碘	I	126.90447
25	锰	Mn	54.938049	54	氙	Xe	131.29
26	铁	Fe	55.845	55	铯	Cs	132.90543
27	钴	Co	58.933200	56	钡	Ba	137.327
28	镍	Ni	58.6934	57	镧	La	138.9055
29	铜	Cu	63.546	58	铈	Ce	140.116

续表

序数	名称	符号	相对原子质量	序数	名称	符号	相对原子质量
59	镨	Pr	140.90765	86	氡	Rn	(222)
60	钕	Nd	144.23	87	钫	Fr	(223)
61	钷	Pm	(145)	88	镭	Ra	(226)
62	钐	Sm	150.36	89	锕	Ac	(227)
63	铕	Eu	151.964	90	钍	Th	232.0381
64	钆	Gd	157.25	91	镤	Pa	231.03588
65	铽	Tb	158.92534	92	铀	U	238.0289
66	镝	Dy	162.50	93	镎	Np	(237)
67	钬	Ho	164.93032	94	钚	Pu	(244)
68	铒	Er	167.26	95	镅	Am	(243)
69	铥	Tm	168.93421	96	锔	Cm	(247)
70	镱	Yb	173.04	97	锫	Bk	(247)
71	镥	Lu	174.967	98	锎	Cf	(251)
72	铪	Hf	178.49	99	锿	Es	(252)
73	钽	Ta	180.9479	100	镄	Fm	(257)
74	钨	W	183.84	101	钔	Md	(258)
75	铼	Re	186.207	102	锘	No	(259)
76	锇	Os	190.23	103	铹	Lr	(262)
77	铱	Ir	192.217	104	𬬻	Rf	(261)
78	铂	Pt	195.078	105	𬭊	Db	(262)
79	金	Au	196.96655	106	𬭳	Sg	(266)
80	汞	Hg	200.59	107	𬭛	Bh	(264)
81	铊	Tl	204.3833	108	𬭶	Hs	(277)
82	铅	Pb	207.2	109	鿏	Mt	(268)
83	铋	Bi	208.98038	110	𫟼	Ds	(281)
84	钋	Po	(209)	111	𬬭	Rg	(272)
85	砹	At	(210)	112		Uub	

附录2　不同温度下水的饱和蒸气压

（由熔点 0℃ 至临界温度 370℃，单位：kPa）

$T/℃$	0	1	2	3	4	5	6	7	8	9
0	0.61129	0.65716	0.70605	0.75813	0.81359	0.87260	0.93537	1.0021	1.0730	1.1482
10	1.2281	1.3129	1.4027	1.4979	1.5988	1.7056	1.8185	1.9380	2.0644	2.1978
20	2.3388	2.4877	2.6447	2.8104	2.9850	3.1690	3.3629	3.5670	3.7818	4.0078
30	4.2455	4.4953	4.7578	5.0335	5.3229	5.6267	5.9453	6.2795	6.6298	6.9969
40	7.3814	7.7840	8.2054	8.6463	9.1075	9.5898	10.094	10.620	11.171	11.745

续表

T/℃	0	1	2	3	4	5	6	7	8	9
50	12.344	12.970	13.623	14.303	15.012	15.752	16.522	17.324	18.159	19.028
60	19.932	20.873	21.851	22.868	23.925	25.022	26.163	27.347	28.576	29.852
70	31.176	32.549	33.972	35.448	36.978	38.563	40.205	41.905	43.665	45.487
80	47.373	49.324	51.342	53.428	55.585	57.815	60.119	62.499	64.958	67.496
90	70.117	72.823	75.614	78.494	81.465	84.529	87.688	90.945	94.301	97.759
100	101.32	104.99	108.77	112.66	116.67	120.79	125.03	129.39	133.88	138.50
110	143.24	148.12	153.13	158.29	163.58	169.02	174.61	180.34	186.23	192.28
120	198.48	204.85	211.38	218.09	224.96	232.01	239.24	246.66	254.25	262.04
130	270.02	278.20	286.57	295.15	303.93	321.93	322.14	331.57	341.22	351.09
140	361.19	371.53	382.11	392.92	403.98	415.29	426.85	438.67	450.75	463.10
150	475.72	488.61	501.78	515.23	528.96	542.99	557.32	571.94	586.87	602.11
160	617.66	633.53	649.73	666.25	683.10	700.29	717.84	735.70	753.94	772.52
170	791.47	810.78	830.47	850.53	870.98	891.80	913.03	934.64	956.66	979.09
180	1001.9	1025.2	1048.9	1073.0	1097.5	1122.5	1147.9	1173.8	1200.1	1226.9
190	1254.2	1281.9	1310.1	1338.8	1368.0	1397.6	1427.8	1458.5	1489.7	1521.4
200	1553.6	1586.4	1619.7	1653.6	1688.0	1722.9	1758.4	1794.5	1831.1	1868.4
210	1906.2	1944.6	1983.6	2023.2	2063.4	2104.2	2145.7	2187.8	2230.5	2273.8
220	2317.8	2362.5	2407.8	2453.8	2500.5	2547.9	2595.9	2644.6	2694.1	2744.2
230	2795.1	2846.7	2899.0	2952.1	3005.9	3060.4	3115.7	3171.8	3228.6	3286.3
240	3344.7	3403.9	3463.9	3524.1	3586.3	3648.8	3712.1	3776.2	3841.2	3907.0
250	3973.6	4041.2	4109.6	4178.9	4249.1	4320.2	4392.2	4465.1	4539.0	4613.7
260	4689.4	4766.1	4843.7	4922.3	5001.8	5082.3	5163.8	5246.3	5329.8	5414.3
270	5499.9	5586.4	5674.0	5762.7	5852.4	5943.1	6035.0	6127.9	6221.9	6317.0
280	6413.2	6510.5	6608.9	6708.5	6809.2	6911.1	7014.1	7118.3	7223.7	7330.2
290	7438.0	7547.0	7657.2	7768.6	7881.3	7995.2	8110.3	8226.8	8344.5	8463.5
300	8583.8	8705.4	8828.3	8952.6	9078.2	9205.1	9333.4	9463.1	9594.2	9726.7
310	9860.5	9995.8	10133	10271	10410	10551	10694	10838	10984	11131
320	11279	11429	11581	11734	11889	12046	12204	12364	12525	12688
330	12852	13019	13187	13357	13528	13701	13876	14053	14232	14412
340	14594	14778	14964	15152	15342	15533	15727	15922	16120	16320
350	16521	16725	16931	17138	17348	17561	17775	17922	18211	18432
360	18655	18881	19110	19340	19574	19809	20048	20289	20533	20780
370	21030	21283	21539	21799	22055					

摘译自：David R. Lide. CRC Handbook of Chemistry and Physics, 87thed. (2006—2007).

附录 3　常用酸碱指示剂

指示剂名称	变色 pH 范围	颜色变化	溶液配制方法
甲基紫 （第一变色范围）	0.13~0.5	黄—绿	0.1% 或 0.05% 的水溶液
苦味酸	0.0~1.3	无色—黄	0.1% 水溶液
甲基绿	0.1~2.0	黄—绿—浅蓝	0.05% 水溶液
孔雀绿 （第一变色范围）	0.13~2.0	黄—浅蓝—绿	0.1% 水溶液
甲酚红 （第一变色范围）	0.2~1.8	红—黄	0.04g 指示剂溶于 100mL 50% 乙醇中
甲基紫 （第二变色范围）	1.0~1.5	绿—蓝	0.1% 水溶液
百里酚蓝 （麝香草酚蓝） （第一变色范围）	1.2~2.8	红—黄	0.1g 指示剂溶于 100mL 20% 乙醇中
甲基紫 （第三变色范围）	2.0~3.0	蓝—紫	0.1% 水溶液
茜素黄 R （第一变色范围）	1.9~3.3	红—黄	0.1% 水溶液
二甲基黄	2.9~4.0	红—黄	0.1g 或 0.01g 指示剂溶于 100mL 90% 乙醇中
甲基橙	3.1~4.4	红—橙黄	0.1% 水溶液
溴酚蓝	3.0~4.6	黄—蓝	0.1g 指示剂溶于 100mL 20% 乙醇中
刚果红	3.0~5.2	蓝紫—红	0.1% 水溶液
茜素红 S （第一变色范围）	3.7~5.2	黄—紫	0.1% 水溶液
溴甲酚绿	3.8~5.4	黄—蓝	0.1g 指示溶于 100mL 20% 乙醇中
甲基红	4.4~6.2	红—黄	0.1g 或 0.2g 指示剂溶于 100mL 60% 乙醇中
溴酚红	5.0~6.8	黄—红	0.1g 或 0.04g 指示剂溶于 100mL 20% 乙醇中
溴甲酚紫	5.2~6.8	黄—紫红	0.1g 指示剂溶于 100mL 20% 乙醇中
溴百里酚蓝	6.0~7.6	黄—蓝	0.05g 指示剂溶于 100mL 20% 乙醇中
中性红	6.8~8.0	红—亮黄	0.1g 指示剂溶于 100mL 60% 乙醇中
酚红	6.8~8.0	黄—红	0.1g 指示剂溶于 100mL 20% 乙醇中
甲酚红	7.2~8.8	亮黄—紫红	0.1g 指示剂溶于 100mL 50% 乙醇中

续表

指示剂名称	变色 pH 范围	颜色变化	溶液配制方法
百里酚蓝 （麝香草酚蓝） （第二变色范围）	8.0~9.0	黄—蓝	参看第一变色范围
酚酞	8.2~10.0	无色—紫红	（1）0.1g 指示剂溶于 100mL 60％乙醇中 （2）1g 酚酞溶于 100mL 90％乙醇中
百里酚酞	9.4~10.6	无色—蓝	0.1g 指示剂溶于 100mL 90％乙醇中
茜素红 S （第二变色范围）	10.0~12.0	紫—淡黄	参看第一变色范围
茜素黄 R （第二变色范围）	10.1~12.1	黄—淡紫	0.1％水溶液
孔雀绿 （第二变色范围）	11.5~13.2	蓝绿—无色	参看第一变色范围
达旦黄	12.0~13.0	黄—红	0.1％水溶液

附录 4　常用酸碱的浓度

试剂名称	密度 g·mL^{-1}	质量分数 ％	物质的量浓度 mol·L^{-1}	试剂名称	密度 g·mL^{-1}	质量分数 ％	物质的量浓度 mol·L^{-1}
浓硫酸	1.84	98	18	氢溴酸	1.38	40	7
稀硫酸	1.1	9	2	氢碘酸	1.70	57	7.5
浓盐酸	1.19	38	12	冰醋酸	1.05	99	17.5
稀盐酸	1.0	7	2	稀乙酸	1.04	30	5
浓硝酸	1.4	68	16	稀乙酸	1.0	12	2
稀硝酸	1.2	32	6	浓氢氧化钠	1.44	约41	约14.4
稀硝酸	1.1	12	2	稀氢氧化钠	1.1	8	2
浓磷酸	1.7	85	14.7	浓氨水	0.91	约28	14.8
稀磷酸	1.05	9	1	稀氨水	1.0	3.5	2
浓高氯酸	1.67	70	11.6	氢氧化钙水溶液		0.15	
稀高氯酸	1.12	19	2	氢氧化钡溶液		2	约0.1
浓氢氟酸	1.13	40	23				

附录 5　弱酸弱碱在水中的解离常数（$I=0$）

（一）弱酸的解离常数

酸	$T/℃$	级	K_a	pK_a
砷酸（H_3AsO_4）	25	1	$6.3×10^{-3}$	2.20
	25	2	$1.0×10^{-7}$	7.00
	25	3	$3.2×10^{-12}$	11.50
亚砷酸（H_3AsO_3）	25		$6.0×10^{-10}$	9.22
硼酸（H_3BO_3）	20		$5.4×10^{-10}$	9.27
四硼酸（$H_2B_4O_7$）	25	1	$1×10^{-4}$	4.00
	25	2	$1×10^{-9}$	9.00
碳酸（H_2CO_3）	25	1	$4.2×10^{-7}$	6.38
	25	2	$5.6×10^{-11}$	10.25
铬酸（H_2CrO_4）	25	1	$1.8×10^{-1}$	0.74
	25	2	$3.2×10^{-7}$	6.49
氢氰酸（HCN）	25		$7.2×10^{-10}$	9.14
氢硫酸（H_2S）	25	1	$5.7×10^{-8}$	7.24
	25	2	$1.2×10^{-15}$	14.92
过氧化氢（H_2O_2）	25	1	$2.4×10^{-12}$	11.62
次溴酸（HBrO）	18	1	$2.8×10^{-9}$	8.55
次氯酸（HClO）	25	1	$3.98×10^{-8}$	7.40
次碘酸（HIO）	25	1	$3×10^{-11}$	10.5
碘酸（HIO_3）	25	1	$1.7×10^{-1}$	0.78
亚硝酸（HNO_2）	25	1	$5.6×10^{-4}$	3.25
高碘酸（HIO_4）	25	1	$2.3×10^{-2}$	1.64
正磷酸（H_3PO_4）	25	1	$7.6×10^{-3}$	2.12
	25	2	$6.23×10^{-8}$	7.21
	25	3	$4.4×10^{-13}$	12.36
亚磷酸（H_3PO_3）	25	1	$5.0×10^{-2}$	1.30
	25	2	$2.5×10^{-7}$	6.50
焦磷酸（$H_4P_2O_7$）	25	1	$1.2×10^{-1}$	0.91
	25	2	$7.9×10^{-3}$	2.10
	25	3	$2.0×10^{-7}$	6.70
	25	4	$4.8×10^{-10}$	9.32
硒酸（H_2SeO_4）	25	2	$2×10^{-2}$	1.70
亚硒酸（H_2SeO_3）	25	1	$2.4×10^{-3}$	2.62
	25	2	$4.8×10^{-9}$	8.32

续表

酸	$T/℃$	级	K_a	pK_a
偏硅酸(H_2SiO_3)	25	1	$2×10^{-10}$	9.70
	25	2	$1×10^{-12}$	12.00
硫酸(H_2SO_4)	25	2	$1.02×10^{-2}$	1.99
亚硝酸(HNO_2)	25	1	$5.62×10^{-4}$	3.25
亚硫酸(H_2SO_3)	25	1	$1.41×10^{-2}$	1.85
	25	2	$6.31×10^{-8}$	7.20
甲酸(HCOOH)	20		$1.77×10^{-4}$	3.75
乙酸(HAc)	25		$1.76×10^{-5}$	4.75
草酸($H_2C_2O_4$)	25	1	$5.90×10^{-2}$	1.23
	25	2	$6.40×10^{-5}$	4.19
一氯乙酸($CH_2ClCOOH$)	25	1	$1.4×10^{-3}$	2.86
二氯乙酸($CHCl_2COOH$)	25	1	$5.0×10^{-2}$	1.30
三氯乙酸(CCl_3COOH)	25	1	0.23	0.64
乳酸($CH_3CHOHCOOH$)	25	1	$1.4×10^{-4}$	3.86
苯甲酸(C_6H_5COOH)	25	1	$6.2×10^{-5}$	4.21
D-酒石酸$\begin{bmatrix} CH(OH)COOH \\ \vert \\ CH(OH)COOH \end{bmatrix}$	25	1	$9.1×10^{-4}(K_{a_1})$	3.04
		2	$4.3×10^{-5}(K_{a_2})$	4.37
邻苯二甲酸$[C_6H_4(COOH)_2]$	25	1	$1.1×10^{-3}(K_{a_1})$	2.95
		2	$3.9×10^{-6}(K_{a_2})$	5.41
柠檬酸$\begin{pmatrix} CH_2COOH \\ \vert \\ C(OH)COOH \\ \vert \\ CH_2COOH \end{pmatrix}$	25	1	$7.4×10^{-4}(K_{a_1})$	3.13
		2	$1.7×10^{-5}(K_{a_2})$	4.76
		3	$4.0×10^{-7}(K_{a_3})$	6.40
苯酚(C_6H_5OH)	25		$1.1×10^{-10}$	9.95
乙二胺四乙酸(H_4Y)	25	1	$1.0×10^{-2}$	2.00
		2	$2.1×10^{-3}$	2.68
		3	$6.9×10^{-7}$	6.16
		4	$5.9×10^{-11}$	10.23

（二）弱碱的解离常数

碱	$T/℃$	级	K_b	pK_b
氨水($NH_3·H_2O$)	25		$1.78×10^{-5}$	4.75
氢氧化铍$[Be(OH)_2]$	25	2	$5×10^{-11}$	10.30
氢氧化钙$[Ca(OH)_2]$	25	1	$3.74×10^{-3}$	2.43
	25	2	$4.0×10^{-2}$	1.40

碱	$T/℃$	级	K_b	pK_b
联氨($NH_2 \cdot NH_2$)	25	1	3.0×10^{-6}	5.52
		2	7.6×10^{-15}	14.12
羟氨(NH_2OH)	25		9.1×10^{-9}	8.04
氢氧化铅[$Pb(OH)_2$]	25		9.6×10^{-4}	3.02
氢氧化银($AgOH$)	25		1.1×10^{-4}	3.96
氢氧化锌[$Zn(OH)_2$]	25		7.94×10^{-7}	6.10
甲胺(CH_3NH_2)	25		4.2×10^{-4}	3.38
乙胺($C_2H_5NH_2$)	25		5.6×10^{-4}	3.25
二甲胺[$(CH_3)_2NH$]	25		1.2×10^{-4}	3.93
二乙胺[$(C_2H_5)_2NH$]	25		1.3×10^{-3}	2.89
乙醇胺($HOCH_2CH_2NH_2$)	25		3.2×10^{-5}	4.50
三乙醇胺[$(HOCH_2CH_2)_3N$]	25		5.8×10^{-7}	6.24
六亚甲基四胺[$(CH_2)_6N_4$]	25		1.4×10^{-9}	8.85
乙二胺($H_2NCH_2CH_2NH_2$)	25	1	$8.5 \times 10^{-5}(K_{b_1})$	4.07
		2	$7.1 \times 10^{-8}(K_{b_2})$	7.15
吡啶(C_5H_5N)	25		1.7×10^{-9}	8.77

附录6　标准电极电势

由于电极处于一定的介质条件下，因此，把明显地要求碱性介质的反应列于表（二），其余列入表（一）；另外以元素符号的英文字母顺序和氧化数由低到高变化的次序编排，以便查阅。

（一）在酸性溶液中

电偶氧化态		电极反应	$\varphi^{\ominus}/V$
Ag	（Ⅰ）—（0）	$Ag^+ + e^- \rightleftharpoons Ag$	$+0.7996$
	（Ⅰ）—（0）	$AgBr + e^- \rightleftharpoons Ag + Br^-$	$+0.07133$
	（Ⅰ）—（0）	$AgCl + e^- \rightleftharpoons Ag + Cl^-$	$+0.22233$
	（Ⅰ）—（0）	$AgI + e^- \rightleftharpoons Ag + I^-$	-0.15224
	（Ⅰ）—（0）	$[Ag(S_2O_3)_2]^{3-} + e^- \rightleftharpoons Ag + 2S_2O_3^{2-}$	$+0.01$
	（Ⅰ）—（0）	$Ag_2CrO_4 + 2e^- \rightleftharpoons 2Ag + CrO_4^{2-}$	$+0.04470$
	（Ⅱ）—（Ⅰ）	$Ag^{2+} + e^- \rightleftharpoons Ag^+$	$+1.980$
	（Ⅲ）—（Ⅰ）	$Ag_2O_3(s) + 6H^+ + 4e^- \rightleftharpoons 2Ag^+ + 3H_2O$	$+1.76$
	（Ⅲ）—（Ⅱ）	$Ag_2O_3(s) + 2H^+ + 2e^- \rightleftharpoons 2AgO\downarrow + H_2O$	$+1.71$
Al	（Ⅲ）—（0）	$Al^{3+} + 3e^- \rightleftharpoons Al$	-1.662
	（Ⅲ）—（0）	$[AlF_6]^{3-} + 3e^- \rightleftharpoons Al + 6F^-$	-2.069
As	（0）—（-Ⅲ）	$As + 3H^+ + 3e^- \rightleftharpoons AsH_3$	-0.608

续表

电偶氧化态	电 极 反 应	$\varphi^{\ominus}/V$
（Ⅲ）—（0）	$HAsO_2(aq)+3H^++3e^-\rightleftharpoons As+2H_2O$	0.248
（Ⅴ）—（Ⅲ）	$H_3AsO_4+2H^++2e^-\rightleftharpoons HAsO_2+2H_2O(1mol\cdot L^{-1})$	+0.560
Au （Ⅰ）—（0）	$Au^++e^-\rightleftharpoons Au$	+1.692
（Ⅰ）—（0）	$[AuCl_2]^-+e^-\rightleftharpoons Au(s)+2Cl^-$	+1.15
（Ⅲ）—（0）	$Au^{3+}+3e^-\rightleftharpoons Au$	+1.401
（Ⅲ）—（0）	$[AuCl_4]^-+3e^-\rightleftharpoons Au+4Cl^-$	+1.002
（Ⅲ）—（Ⅰ）	$Au^{3+}+2e^-\rightleftharpoons Au^+$	+1.498
B （Ⅲ）—（0）	$H_3BO_3+3H^++3e^-\rightleftharpoons B+3H_2O$	−0.73
Ba （Ⅱ）—（0）	$Ba^{2+}+2e^-\rightleftharpoons Ba$	−2.912
Be （Ⅱ）—（0）	$Be^{2+}+2e^-\rightleftharpoons Be$	−1.847
Bi （Ⅲ）—（0）	$Bi^{3+}+3e^-\rightleftharpoons Bi(s)$	+0.293
（Ⅲ）—（0）	$BiO^++2H^++3e^-\rightleftharpoons Bi+H_2O$	+0.320
（Ⅲ）—（0）	$BiOCl+2H^++3e^-\rightleftharpoons Bi+Cl^-+H_2O$	+0.1583
（Ⅴ）—（Ⅲ）	$Bi_2O_5+6H^++4e^-\rightleftharpoons 2BiO^++3H_2O$	+1.6
Br （0）—（−Ⅰ）	$Br_2(aq)+2e^-\rightleftharpoons 2Br^-$	+1.0873
（0）—（−Ⅰ）	$Br_2(l)+2e^-\rightleftharpoons 2Br^-$	+1.065
（Ⅰ）—（−Ⅰ）	$HBrO+H^++2e^-\rightleftharpoons Br^-+H_2O$	+1.331
（Ⅰ）—（0）	$HBrO+H^++e^-\rightleftharpoons 1/2Br_2(l)+H_2O$	+1.574
Br （Ⅴ）—（−Ⅰ）	$BrO_3^-+6H^++6e^-\rightleftharpoons Br^-+3H_2O$	+1.423
（Ⅴ）—（0）	$BrO_3^-+6H^++5e^-\rightleftharpoons 1/2Br_2+3H_2O$	+1.482
C （Ⅳ）—（Ⅱ）	$CO_2(g)+2H^++2e^-\rightleftharpoons HCOOH(aq)$	−0.2
（Ⅳ）—（Ⅱ）	$CO_2(g)+2H^++2e^-\rightleftharpoons CO(g)+H_2O$	−0.12
（Ⅳ）—（Ⅲ）	$2CO_2(g)+2H^++2e^-\rightleftharpoons H_2C_2O_4(aq)$	−0.49
（Ⅳ）—（Ⅲ）	$2HCNO+2H^++2e^-\rightleftharpoons (CN)_2+2H_2O$	+0.33
Ca （Ⅱ）—（0）	$Ca^{2+}+2e^-\rightleftharpoons Ca$	−2.868
Cd （Ⅱ）—（0）	$Cd^{2+}+2e^-\rightleftharpoons Cd$	−0.4030
（Ⅱ）—（0）	$Cd^{2+}+(Hg,饱和)+2e^-\rightleftharpoons Cd(Hg,饱和)$	−0.3521
Ce （Ⅲ）—（0）	$Ce^{3+}+3e^-\rightleftharpoons Ce$	−2.336
（Ⅳ）—（Ⅲ）	$Ce^{4+}+e^-\rightleftharpoons Ce^{3+}(1mol\cdot L^{-1}\ H_2SO_4)$	+1.443
（Ⅳ）—（Ⅲ）	$Ce^{4+}+e^-\rightleftharpoons Ce^{3+}(0.5\sim2mol\cdot L^{-1}\ HNO_3)$	+1.616
（Ⅳ）—（Ⅲ）	$Ce^{4+}+e^-\rightleftharpoons Ce^{3+}(1mol\cdot L^{-1}\ HClO_4)$	+1.70
Cl （0）—（−Ⅰ）	$Cl_2(g)+2e^-\rightleftharpoons 2Cl^-$	+1.35827
（Ⅰ）—（−Ⅰ）	$HClO+H^++2e^-\rightleftharpoons Cl^-+H_2O$	+1.482
（Ⅰ）—（0）	$HClO+H^++e^-\rightleftharpoons \frac{1}{2}Cl_2+H_2O$	+1.611
Cl （Ⅲ）—（Ⅰ）	$HClO_2+2H^++2e^-\rightleftharpoons HClO+H_2O$	+1.645

电偶氧化态		电极反应	$\varphi^{\ominus}/V$
	(Ⅳ)—(Ⅲ)	$ClO_2 + H^+ + e^- \rightleftharpoons HClO_2$	$+1.277$
	(Ⅴ)—(-Ⅰ)	$ClO_3^- + 6H^+ + 6e^- \rightleftharpoons Cl^- + 3H_2O$	$+1.451$
	(Ⅴ)—(0)	$ClO_3^- + 6H^+ + 5e^- \rightleftharpoons 1/2Cl_2 + 3H_2O$	$+1.47$
	(Ⅴ)—(Ⅲ)	$ClO_3^- + 3H^+ + 2e^- \rightleftharpoons HClO_2 + H_2O$	$+1.214$
	(Ⅴ)—(Ⅳ)	$ClO_3^- + 2H^+ + e^- \rightleftharpoons ClO_2(g) + H_2O$	$+1.15$
	(Ⅶ)—(-Ⅰ)	$ClO_4^- + 8H^+ + 8e^- \rightleftharpoons Cl^- + 4H_2O$	$+1.389$
	(Ⅶ)—(0)	$ClO_4^- + 8H^+ + 7e^- \rightleftharpoons \frac{1}{2}Cl_2 + 4H_2O$	$+1.39$
	(Ⅶ)—(Ⅴ)	$ClO_4^- + 2H^+ + 2e^- \rightleftharpoons ClO_3^- + H_2O$	$+1.189$
Co	(Ⅱ)—(0)	$Co^{2+} + 2e^- \rightleftharpoons Co$	-0.28
	(Ⅲ)—(Ⅱ)	$Co^{3+} + e^- \rightleftharpoons Co^{2+} (2mol \cdot L^{-1} H_2SO_3)$	$+1.83$
Cr	(Ⅲ)—(0)	$Cr^{3+} + 3e^- \rightleftharpoons Cr$	-0.744
	(Ⅱ)—(0)	$Cr^{2+} + 2e^- \rightleftharpoons Cr$	-0.913
	(Ⅲ)—(Ⅱ)	$Cr^{3+} + e^- \rightleftharpoons Cr^{2+}$	-0.407
	(Ⅵ)—(Ⅲ)	$Cr_2O_7^{2-} + 14H^+ + 6e^- \rightleftharpoons 2Cr^{3+} + 7H_2O$	$+1.33$
	(Ⅵ)—(Ⅲ)	$HCrO_4^- + 7H^+ + 3e^- \rightleftharpoons Cr^{3+} + 4H_2O$	$+1.350$
Cs	(Ⅰ)—(0)	$Cs^+ + e^- \rightleftharpoons Cs$	-3.026
Cu	(Ⅰ)—(0)	$Cu^+ + e^- \rightleftharpoons Cu$	$+0.521$
	(Ⅰ)—(0)	$Cu_2O(s) + 2H^+ + 2e^- \rightleftharpoons 2Cu + H_2O$	-0.36
	(Ⅰ)—(0)	$CuI + e^- \rightleftharpoons Cu + I^-$	-0.185
	(Ⅰ)—(0)	$CuBr + e^- \rightleftharpoons Cu + Br^-$	$+0.033$
	(Ⅰ)—(0)	$CuCl + e^- \rightleftharpoons Cu + Cl^-$	0.137
	(Ⅱ)—(0)	$Cu^{2+} + 2e^- \rightleftharpoons Cu$	$+0.3419$
	(Ⅱ)—(Ⅰ)	$Cu^{2+} + e^- \rightleftharpoons Cu^+$	$+0.153$
	(Ⅱ)—(Ⅰ)	$Cu^{2+} + Br^- + e^- \rightleftharpoons CuBr$	$+0.640$
	(Ⅱ)—(Ⅰ)	$Cu^{2+} + Cl^- + e^- \rightleftharpoons CuCl$	$+0.538$
	(Ⅱ)—(Ⅰ)	$Cu^{2+} + I^- + e^- \rightleftharpoons CuI$	$+0.86$
F	(0)—(-Ⅰ)	$F_2(g) + 2e^- \rightleftharpoons 2F^-$	$+2.866$
	(0)—(-Ⅰ)	$F_2(g) + 2H^+ + 2e^- \rightleftharpoons 2HF(aq)$	$+3.053$
Fe	(Ⅱ)—(0)	$Fe^{2+} + 2e^- \rightleftharpoons Fe$	-0.447
	(Ⅲ)—(0)	$Fe^{3+} + 3e^- \rightleftharpoons Fe$	-0.037
	(Ⅲ)—(Ⅱ)	$Fe^{3+} + e^- \rightleftharpoons Fe^{2+}$	$+0.771$
	(Ⅲ)—(Ⅱ)	$[Fe(CN)_6]^{3-} + e^- \rightleftharpoons [Fe(CN)_6]^{4-}$	$+0.358$
	(Ⅵ)—(Ⅲ)	$FeO_4^{2-} + 8H^+ + 3e^- \rightleftharpoons Fe^{3+} + 4H_2O$	$+2.20$
	(8/3)—(Ⅱ)	$Fe_3O_4 + 8H^+ + 2e^- \rightleftharpoons 3Fe^{2+} + 4H_2O$	$+1.23$
Ga	(Ⅲ)—(0)	$Ga^{3+} + 3e^- \rightleftharpoons Ga$	-0.549
Ge	(Ⅳ)—(0)	$H_2GeO_3 + 4H^+ + 4e^- \rightleftharpoons Ge + 3H_2O$	-0.182
H	(0)—(-Ⅰ)	$H_2(g) + 2e^- \rightleftharpoons 2H^-$	-2.23

续表

电偶氧化态		电 极 反 应	$\varphi^{\ominus}/V$
	（Ⅰ）—（0）	$2H^+ + 2e^- \rightleftharpoons H_2(g)$	0
	（Ⅰ）—（0）	$2H^+([H^+] = 10^{-7}\ mol \cdot L^{-1}) + 2e^- \rightleftharpoons H_2$	-0.414
Hg	（Ⅰ）—（0）	$Hg_2^{2+} + 2e^- \rightleftharpoons 2Hg$	$+0.7973$
	（Ⅰ）—（0）	$Hg_2Cl_2 + 2e^- \rightleftharpoons 2Hg + 2Cl^-$	0.26808
	（Ⅰ）—（0）	$Hg_2I_2 + 2e^- \rightleftharpoons 2Hg + 2I^-$	-0.0405
	（Ⅱ）—（0）	$Hg^{2+} + 2e^- \rightleftharpoons Hg$	$+0.851$
	（Ⅱ）—（0）	$[HgI_4]^{2-} + 2e^- \rightleftharpoons Hg + 4I^-$	-0.04
	（Ⅱ）—（Ⅰ）	$2Hg^{2+} + 2e^- \rightleftharpoons Hg_2^{2+}$	$+0.920$
I	（0）—（−Ⅰ）	$I_2 + 2e^- \rightleftharpoons 2I^-$	$+0.5355$
	（0）—（−Ⅰ）	$I_3^- + 2e^- \rightleftharpoons 3I^-$	$+0.536$
	（Ⅰ）—（−Ⅰ）	$HIO + H^+ + 2e^- \rightleftharpoons I^- + H_2O$	$+0.987$
	（Ⅰ）—（0）	$HIO + H^+ + e^- \rightleftharpoons 1/2I_2 + H_2O$	$+1.439$
	（Ⅴ）—（−Ⅰ）	$IO_3^- + 6H^+ + 6e^- \rightleftharpoons I^- + 3H_2O$	$+1.085$
	（Ⅴ）—（0）	$IO_3^- + 6H^+ + 5e^- \rightleftharpoons 1/2I_2 + 3H_2O$	$+1.195$
	（Ⅶ）—（Ⅴ）	$H_5IO_6 + H^+ + 2e^- \rightleftharpoons IO_3^- + 3H_2O$	$+1.601$
In	（Ⅰ）—（0）	$In^+ + e^- \rightleftharpoons In$	-0.18
	（Ⅲ）—（0）	$In^{3+} + 3e^- \rightleftharpoons In$	-0.342
K	（Ⅰ）—（0）	$K^+ + e^- \rightleftharpoons K$	-2.931
La	（Ⅲ）—（0）	$La^{3+} + 3e^- \rightleftharpoons La$	-2.379
Li	（Ⅰ）—（0）	$Li^+ + e^- \rightleftharpoons Li$	-3.0401
Mg	（Ⅱ）—（0）	$Mg^{2+} + 2e^- \rightleftharpoons Mg$	-2.372
Mn	（Ⅱ）—（0）	$Mn^{2+} + 2e^- \rightleftharpoons Mn$	-1.185
	（Ⅲ）—（Ⅱ）	$Mn^{3+} + e^- \rightleftharpoons Mn^{2+}$	$+1.5415$
	（Ⅳ）—（Ⅱ）	$MnO_2 + 4H^+ + 2e^- \rightleftharpoons Mn^{2+} + 2H_2O$	$+1.224$
	（Ⅳ）—（Ⅲ）	$2MnO_2(s) + 2H^+ + 2e^- \rightleftharpoons Mn_2O_3(s) + H_2O$	$+1.04$
	（Ⅶ）—（Ⅱ）	$MnO_4^- + 8H^+ + 5e^- \rightleftharpoons Mn^{2+} + 4H_2O$	$+1.507$
	（Ⅶ）—（Ⅳ）	$MnO_4^- + 4H^+ + 3e^- \rightleftharpoons MnO_2 + 2H_2O$	$+1.679$
	（Ⅶ）—（Ⅵ）	$MnO_4^- + e^- \rightleftharpoons MnO_4^{2-}$	$+0.564$
Mo	（Ⅲ）—（0）	$Mo^{3+} + 3e^- \rightleftharpoons Mo$	0.200
	（Ⅵ）—（0）	$H_2MoO_4 + 6H^+ + 6e^- \rightleftharpoons Mo + 4H_2O$	0.0
N	（Ⅰ）—（0）	$N_2O + 2H^+ + 2e^- \rightleftharpoons N_2 + H_2O$	$+1.766$
	（Ⅱ）—（Ⅰ）	$2NO + 2H^+ + 2e^- \rightleftharpoons N_2O + H_2O$	$+1.591$
	（Ⅲ）—（Ⅰ）	$2HNO_2 + 4H^+ + 4e^- \rightleftharpoons N_2O + 3H_2O$	$+1.297$
	（Ⅲ）—（Ⅱ）	$HNO_2 + H^+ + e^- \rightleftharpoons NO + H_2O$	$+0.983$
	（Ⅳ）—（Ⅱ）	$N_2O_4 + 4H^+ + 4e^- \rightleftharpoons 2NO + 2H_2O$	$+1.035$
	（Ⅳ）—（Ⅲ）	$N_2O_4 + 2H^+ + 2e^- \rightleftharpoons 2HNO_2$	$+1.065$
	（Ⅴ）—（Ⅲ）	$NO_3^- + 3H^+ + 2e^- \rightleftharpoons HNO_2 + H_2O$	$+0.934$

续表

电偶氧化态	电极反应	$\varphi^{\ominus}/V$
（Ⅴ）—（Ⅱ）	$NO_3^- + 4H^+ + 3e^- \rightleftharpoons NO + 2H_2O$	$+0.957$
（Ⅴ）—（Ⅳ）	$2NO_3^- + 4H^+ + 2e^- \rightleftharpoons N_2O_4 + 2H_2O$	$+0.803$
Na （Ⅰ）—（0）	$Na^+ + e^- \rightleftharpoons Na$	-2.71
（Ⅰ）—（0）	$Na^+ + (Hg) + e^- \rightleftharpoons Na(Hg)$	-1.84
Ni （Ⅱ）—（0）	$Ni^{2+} + 2e^- \rightleftharpoons Ni$	-0.257
（Ⅲ）—（Ⅱ）	$Ni(OH)_3 + 3H^+ + e^- \rightleftharpoons Ni^{2+} + 3H_2O$	$+2.08$
（Ⅳ）—（Ⅱ）	$NiO_2 + 4H^+ + 2e^- \rightleftharpoons Ni^{2+} + 2H_2O$	$+1.678$
O （0）—（-Ⅱ）	$O_3 + 2H^+ + 2e^- \rightleftharpoons O_2 + H_2O$	$+2.076$
（0）—（-Ⅱ）	$O_2 + 4H^+ + 4e^- \rightleftharpoons 2H_2O$	$+1.229$
（0）—（-Ⅱ）	$O(g) + 2H^+ + 2e^- \rightleftharpoons H_2O$	$+2.421$
（0）—（-Ⅱ）	$\frac{1}{2}O_2 + 2H^+(10^{-7}\ mol \cdot L^{-1}) + 2e^- \rightleftharpoons H_2O$	$+0.815$
（0）—（-Ⅰ）	$O_2 + 2H^+ + 2e^- \rightleftharpoons H_2O_2$	$+0.695$
（-Ⅰ）—（-Ⅱ）	$H_2O_2 + 2H^+ + 2e^- \rightleftharpoons 2H_2O$	$+1.776$
（Ⅱ）—（-Ⅱ）	$F_2O + 2H^+ + 2e^- \rightleftharpoons H_2O + F_2$	$+2.87$
P （0）—（-Ⅲ）	$P + 3H^+ + 3e^- \rightleftharpoons PH_3(g)$	-0.063
（Ⅰ）—（0）	$H_3PO_2 + H^+ + e^- \rightleftharpoons P + 2H_2O$	-0.508
（Ⅲ）—（Ⅰ）	$H_3PO_3 + 2H^+ + 2e^- \rightleftharpoons H_3PO_2 + H_2O$	-0.499
（Ⅴ）—（Ⅲ）	$H_3PO_4 + 2H^+ + 2e^- \rightleftharpoons H_3PO_3 + H_2O$	-0.276
Pb （Ⅱ）—（0）	$Pb^{2+} + 2e^- \rightleftharpoons Pb$	-0.1262
（Ⅱ）—（0）	$PbCl_2 + 2e^- \rightleftharpoons Pb + 2Cl^-$	-0.2675
（Ⅱ）—（0）	$PbI_2 + 2e^- \rightleftharpoons Pb + 2I^-$	-0.365
（Ⅱ）—（0）	$PbSO_4 + 2e^- \rightleftharpoons Pb + SO_4^{2-}$	-0.3588
（Ⅱ）—（0）	$Pb^{2+} + (Hg) + 2e^- \rightleftharpoons Pb(Hg)$	-0.3588
（Ⅳ）—（Ⅱ）	$PbO_2 + 4H^+ + 2e^- \rightleftharpoons Pb^{2+} + 2H_2O$	$+1.455$
（Ⅳ）—（Ⅱ）	$PbO_2 + SO_4^{2-} + 4H^+ + 2e^- \rightleftharpoons PbSO_4 + 2H_2O$	$+1.6913$
（Ⅳ）—（Ⅱ）	$PbO_2 + 2H^+ + 2e^- \rightleftharpoons PbO(s) + H_2O$	$+0.28$
Pd （Ⅱ）—（0）	$Pd^{2+} + 2e^- \rightleftharpoons Pd$	$+0.951$
（Ⅳ）—（Ⅱ）	$[PdCl_6]^{2-} + 2e^- \rightleftharpoons [PdCl_4]^{2-} + 2Cl^-$	$+0.68$
Pt （Ⅱ）—（0）	$Pt^{2+} + 2e^- \rightleftharpoons Pt$	$+1.2$
（Ⅱ）—（0）	$[PtCl_4]^{2-} + 2e^- \rightleftharpoons Pt + 4Cl^-$	$+0.7555$
（Ⅱ）—（0）	$Pt(OH)_2 + 2H^+ + 2e^- \rightleftharpoons Pt + 2H_2O$	$+0.98$
（Ⅳ）—（Ⅱ）	$[PtCl_6]^{2-} + 2e^- \rightleftharpoons [PtCl_4]^{2-} + 2Cl^-$	$+0.74$
Rb （Ⅰ）—（0）	$Rb^+ + e^- \rightleftharpoons Rb$	-2.98
S （-Ⅰ）—（-Ⅱ）	$(CNS)_2 + 2e^- \rightleftharpoons 2CNS^-$	$+0.77$
（0）—（-Ⅱ）	$S + 2H^+ + 2e^- \rightleftharpoons H_2S(aq)$	$+0.142$
（Ⅳ）—（0）	$H_2SO_3 + 4H^+ + 4e^- \rightleftharpoons S + 3H_2O$	$+0.449$
（Ⅳ）—（0）	$S_2O_3^{2-} + 6H^+ + 4e^- \rightleftharpoons S + 3H_2O$	$+0.5$

电偶氧化态		电 极 反 应	$\varphi^{\ominus}/V$
	（IV）—（II）	$2H_2SO_3+2H^++4e^- \Longrightarrow S_2O_3^{2-}+3H_2O$	$+0.40$
	（IV）—（5/2）	$4H_2SO_3+4H^++6e^- \Longrightarrow S_4O_6^{2-}+6H_2O$	$+0.51$
	（VI）—（IV）	$SO_4^{2-}+4H^++2e^- \Longrightarrow H_2SO_3+H_2O$	$+0.172$
	（VII）—（VI）	$S_2O_8^{2-}+2e^- \Longrightarrow 2SO_4^{2-}$	$+2.010$
Sb	（III）—（0）	$Sb_2O_3+6H^++6e^- \Longrightarrow 2Sb+3H_2O$	$+0.152$
	（III）—（0）	$SbO^++2H^++3e^- \Longrightarrow Sb+H_2O$	$+0.212$
	（V）—（III）	$Sb_2O_5+6H^++4e^- \Longrightarrow 2SbO^++3H_2O$	$+0.581$
Se	（0）—（-II）	$Se+2e^- \Longrightarrow Se^{2-}$	-0.78
	（0）—（-II）	$Se+2H^++2e^- \Longrightarrow H_2Se(aq)$	-0.399
	（IV）—（0）	$H_2SeO_3+4H^++4e^- \Longrightarrow Se+3H_2O$	$+0.74$
	（VI）—（IV）	$SeO_4^{2-}+4H^++2e^- \Longrightarrow H_2SeO_3+H_2O$	$+1.151$
Si	（0）—（-IV）	$Si+4H^++4e^- \Longrightarrow SiH_4$	$+0.102$
	（IV）—（0）	$SiO_2+4H^++4e^- \Longrightarrow Si+2H_2O$	-0.857
	（IV）—（0）	$[SiF_6]^{2-}+4e^- \Longrightarrow Si+6F^-$	-0.124
Sn	（II）—（0）	$Sn^{2+}+2e^- \Longrightarrow Sn$	-0.1375
	（IV）—（II）	$Sn^{4+}+2e^- \Longrightarrow Sn^{2+}$	$+0.151$
Sr	（II）—（0）	$Sr^{2+}+2e^- \Longrightarrow Sr$	-2.899
Ti	（II）—（0）	$Ti^{2+}+2e^- \Longrightarrow Ti$	-1.630
	（IV）—（0）	$TiO^{2+}+2H^++4e^- \Longrightarrow Ti+H_2O$	-0.89
	（IV）—（0）	$TiO_2+4H^++4e^- \Longrightarrow Ti+2H_2O$	-0.86
	（IV）—（III）	$TiO^{2+}+2H^++e^- \Longrightarrow Ti^{3+}+H_2O$	$+0.1$
	（III）—（II）	$Ti^{3+}+e^- \Longrightarrow Ti^{2+}$	-0.369
V	（II）—（0）	$V^{2+}+2e^- \Longrightarrow V$	-1.2
	（III）—（II）	$V^{3+}+e^- \Longrightarrow V^{2+}$	-0.255
	（IV）—（II）	$V^{4+}+2e^- \Longrightarrow V^{2+}$	-1.186
	（IV）—（III）	$VO^{2+}+2H^++e^- \Longrightarrow V^{3+}+H_2O$	$+0.337$
	（V）—（0）	$V(OH)_4^++4H^++5e^- \Longrightarrow V+4H_2O$	-0.253
	（V）—（IV）	$V(OH)_4^++2H^++e^- \Longrightarrow VO^{2+}+3H_2O$	$+1.00$
	（VI）—（IV）	$VO_2^{2+}+4H^++2e^- \Longrightarrow V^{4+}+2H_2O$	$+0.62$
Zn	（II）—（0）	$Zn^{2+}+2e^- \Longrightarrow Zn$	-0.7618

（二）在碱性溶液中

电偶氧化态		电 极 反 应	$\varphi^{\ominus}/V$
Ag	（I）—（0）	$AgCN+e^- \Longrightarrow Ag+CN^-$	-0.017
	（I）—（0）	$[Ag(CN)_2]^-+e^- \Longrightarrow Ag+2CN^-$	-0.31
	（I）—（0）	$[Ag(NH_3)_2]^++e^- \Longrightarrow Ag+2NH_3$	$+0.373$
	（I）—（0）	$Ag_2O+H_2O+2e^- \Longrightarrow 2Ag+2OH^-$	$+0.342$

电偶氧化态		电 极 反 应	$\varphi^{\ominus}/V$
	（Ⅰ）—（0）	$Ag_2S+2e^- \rightleftharpoons 2Ag+S^{2-}$	-0.691
	（Ⅱ）—（Ⅰ）	$2AgO+H_2O+2e^- \rightleftharpoons Ag_2O+2OH^-$	$+0.607$
Al	（Ⅲ）—（0）	$H_2AlO_3^-+H_2O+3e^- \rightleftharpoons Al+4OH^-$	-2.33
As	（Ⅲ）—（0）	$AsO_2^-+2H_2O+3e^- \rightleftharpoons As+4OH^-$	-0.68
	（Ⅴ）—（Ⅲ）	$AsO_4^{3-}+2H_2O+2e^- \rightleftharpoons AsO_2^-+4OH^-$	-0.71
Au	（Ⅰ）—（0）	$[Au(CN)_2]^-+e^- \rightleftharpoons Au+2CN^-$	-0.60
B	（Ⅲ）—（0）	$H_2BO_3^-+H_2O+3e^- \rightleftharpoons B+4OH^-$	-1.79
Ba	（Ⅱ）—（0）	$Ba(OH)_2 \cdot 8H_2O+2e^- \rightleftharpoons Ba+2OH^-+8H_2O$	-2.99
Be	（Ⅱ）—（0）	$Be_2O_3^{2-}+3H_2O+4e^- \rightleftharpoons 2Be+6OH^-$	-2.63
Bi	（Ⅲ）—（0）	$Bi_2O_3+3H_2O+6e^- \rightleftharpoons 2Bi+6OH^-$	-0.46
Br	（Ⅰ）—（-Ⅰ）	$BrO^-+H_2O+2e^- \rightleftharpoons Br^-+2OH^-$（$1mol \cdot L^{-1}$ NaOH）	$+0.761$
	（Ⅰ）—（0）	$2BrO^-+2H_2O+2e^- \rightleftharpoons Br_2+4OH^-$	$+0.45$
	（Ⅴ）—（-Ⅰ）	$BrO_3^-+3H_2O+6e^- \rightleftharpoons Br^-+6OH^-$	$+0.61$
Ca	（Ⅱ）—（0）	$Ca(OH)_2+2e^- \rightleftharpoons Ca+2OH^-$	-3.02
Cd	（Ⅱ）—（0）	$Cd(OH)_2+2e^- \rightleftharpoons Cd+2OH^-$	-0.809
Cl	（Ⅰ）—（-Ⅰ）	$ClO^-+H_2O+2e^- \rightleftharpoons Cl^-+2OH^-$	$+0.841$
	（Ⅲ）—（-Ⅰ）	$ClO_2^-+2H_2O+4e^- \rightleftharpoons Cl^-+4OH^-$	$+0.76$
	（Ⅲ）—（Ⅰ）	$ClO_2^-+H_2O+2e^- \rightleftharpoons ClO^-+2OH^-$	$+0.66$
	（Ⅴ）—（-Ⅰ）	$ClO_3^-+3H_2O+6e^- \rightleftharpoons Cl^-+6OH^-$	$+0.62$
	（Ⅴ）—（Ⅲ）	$ClO_3^-+H_2O+2e^- \rightleftharpoons ClO_2^-+2OH^-$	$+0.33$
	（Ⅶ）—（Ⅴ）	$ClO_4^-+H_2O+2e^- \rightleftharpoons ClO_3^-+2OH^-$	$+0.36$
Co	（Ⅱ）—（0）	$Co(OH)_2+2e^- \rightleftharpoons Co+2OH^-$	-0.73
	（Ⅲ）—（Ⅱ）	$Co(OH)_3+e^- \rightleftharpoons Co(OH)_2+OH^-$	$+0.17$
	（Ⅲ）—（Ⅱ）	$[Co(NH_3)_6]^{3+}+e^- \rightleftharpoons [Co(NH_3)_6]^{2+}$	$+0.108$
Cr	（Ⅲ）—（0）	$Cr(OH)_3+3e^- \rightleftharpoons Cr+3OH^-$	-1.3
	（Ⅲ）—（0）	$CrO_2^-+2H_2O+3e^- \rightleftharpoons Cr+4OH^-$	-1.2
	（Ⅵ）—（Ⅲ）	$CrO_4^{2-}+4H_2O+3e^- \rightleftharpoons Cr(OH)_3+5OH^-$	-0.13
Cu	（Ⅰ）—（0）	$[Cu(CN)_2]^-+e^- \rightleftharpoons Cu+2CN^-$	-0.429
	（Ⅰ）—（0）	$[Cu(NH_3)_2]^++e^- \rightleftharpoons Cu+2NH_3$	-0.12
	（Ⅰ）—（0）	$Cu_2O+H_2O+2e^- \rightleftharpoons 2Cu+2OH^-$	-0.360
Fe	（Ⅱ）—（0）	$Fe(OH)_2+2e^- \rightleftharpoons Fe+2OH^-$	-0.877
	（Ⅲ）—（Ⅱ）	$Fe(OH)_3+e^- \rightleftharpoons Fe(OH)_2+OH^-$	-0.56
	（Ⅲ）—（Ⅱ）	$[Fe(CN)_6]^{3-}+e^- \rightleftharpoons [Fe(CN)_6]^{4-}$（$0.01mol \cdot L^{-1}$ NaOH）	$+0.358$
H	（Ⅰ）—（0）	$2H_2O+2e^- \rightleftharpoons H_2+2OH^-$	-0.8277
Hg	（Ⅱ）—（0）	$HgO+H_2O+2e^- \rightleftharpoons Hg+2OH^-$	$+0.0977$
I	（Ⅰ）—（-Ⅰ）	$IO^-+H_2O+2e^- \rightleftharpoons I^-+2OH^-$	$+0.485$
	（Ⅴ）—（-Ⅰ）	$IO_3^-+3H_2O+6e^- \rightleftharpoons I^-+6OH^-$	$+0.26$

续表

电偶氧化态		电 极 反 应	$\varphi^{\ominus}/V$
	（Ⅶ）—（Ⅴ）	$H_3IO_6^{2-}+2e^- \rightleftharpoons IO_3^-+3OH^-$	$+0.7$
La	（Ⅲ）—（0）	$La(OH)_3+3e^- \rightleftharpoons La+3OH^-$	-2.90
Mg	（Ⅱ）—（0）	$Mg(OH)_2+2e^- \rightleftharpoons Mg+2OH^-$	-2.690
Mn	（Ⅱ）—（0）	$Mn(OH)_2+2e^- \rightleftharpoons Mn+2OH^-$	-1.56
	（Ⅳ）—（Ⅱ）	$MnO_2+2H_2O+2e^- \rightleftharpoons Mn(OH)_2+2OH^-$	-0.05
	（Ⅵ）—（Ⅳ）	$MnO_4^{2-}+2H_2O+2e^- \rightleftharpoons MnO_2+4OH^-$	$+0.60$
	（Ⅶ）—（Ⅳ）	$MnO_4^-+2H_2O+3e^- \rightleftharpoons MnO_2+4OH^-$	$+0.595$
Mo	（Ⅵ）—（0）	$MoO_4^{2-}+4H_2O+6e^- \rightleftharpoons Mo+8OH^-$	-0.92
N	（Ⅴ）—（Ⅲ）	$NO_3^-+H_2O+2e^- \rightleftharpoons NO_2^-+2OH^-$	$+0.01$
	（Ⅴ）—（Ⅳ）	$2NO_3^-+2H_2O+2e^- \rightleftharpoons N_2O_4+4OH^-$	-0.85
Ni	（Ⅱ）—（0）	$Ni(OH)_2+2e^- \rightleftharpoons Ni+2OH^-$	-0.72
	（Ⅲ）—（Ⅱ）	$Ni(OH)_3+e^- \rightleftharpoons Ni(OH)_2+OH^-$	$+0.48$
O	（0）—（−Ⅱ）	$O_2+2H_2O+4e^- \rightleftharpoons 4OH^-$	$+0.401$
	（0）—（−Ⅱ）	$O_3+H_2O+2e^- \rightleftharpoons O_2+2OH^-$	$+1.24$
P	（0）—（−Ⅲ）	$P+3H_2O+3e^- \rightleftharpoons PH_3(g)+3OH^-$	-0.87
	（Ⅴ）—（Ⅲ）	$PO_4^{3-}+2H_2O+2e^- \rightleftharpoons HPO_3^{2-}+3OH^-$	-1.05
Pb	（Ⅳ）—（Ⅱ）	$PbO_2+H_2O+2e^- \rightleftharpoons PbO+2OH^-$	$+0.247$
Pt	（Ⅱ）—（0）	$Pt(OH)_2+2e^- \rightleftharpoons Pt+2OH^-$	$+0.14$
S	（0）—（−Ⅱ）	$S+2e^- \rightleftharpoons S^{2-}$	-0.47627
	（5/2）—（Ⅱ）	$S_4O_6^{2-}+2e \rightleftharpoons 2S_2O_3^{2-}$	$+0.08$
	（Ⅳ）—（−Ⅱ）	$SO_3^{2-}+3H_2O+6e^- \rightleftharpoons S^{2-}+6OH^-$	-0.66
S	（Ⅳ）—（Ⅱ）	$2SO_3^{2-}+3H_2O+4e^- \rightleftharpoons S_2O_3^{2-}+6OH^-$	-0.58
	（Ⅵ）—（Ⅳ）	$SO_4^{2-}+H_2O+2e^- \rightleftharpoons SO_3^{2-}+2OH^-$	-0.93
Sb	（Ⅲ）—（0）	$SbO_2^-+2H_2O+3e^- \rightleftharpoons Sb+4OH^-$	-0.66
	（Ⅴ）—（Ⅲ）	$H_3SbO_6^{4-}+H_2O+2e^- \rightleftharpoons SbO_2^-+5OH^-$	-0.40
Se	（Ⅵ）—（Ⅳ）	$SeO_4^{2-}+H_2O+2e^- \rightleftharpoons SeO_3^{2-}+2OH^-$	$+0.05$
Si	（Ⅳ）—（0）	$SiO_3^{2-}+3H_2O+4e^- \rightleftharpoons Si+6OH^-$	-1.697
Sn	（Ⅱ）—（0）	$SnS+2e^- \rightleftharpoons Sn+S^{2-}$	-0.94
	（Ⅱ）—（0）	$HSnO_2^-+H_2O+2e^- \rightleftharpoons Sn+3OH^-$	-0.909
	（Ⅳ）—（Ⅱ）	$[Sn(OH)_6]^{2-}+2e^- \rightleftharpoons HSnO_2^-+H_2O+3OH^-$	-0.93
Zn	（Ⅱ）—（0）	$[Zn(CN)_4]^{2-}+2e^- \rightleftharpoons Zn+4CN^-$	-1.26
	（Ⅱ）—（0）	$[Zn(NH_3)_4]^{2+}+2e^- \rightleftharpoons Zn+4NH_3(aq)$	-1.04
	（Ⅱ）—（0）	$Zn(OH)_2+2e^- \rightleftharpoons Zn+2OH^-$	-1.249
	（Ⅱ）—（0）	$ZnO_2^{2-}+2H_2O+2e^- \rightleftharpoons Zn+4OH^-$	-1.216
	（Ⅱ）—（0）	$ZnS+2e^- \rightleftharpoons Zn+S^{2-}$	-1.44

附录 7　微溶化合物的溶度积

(18～25℃，$I = 0$)

微溶化合物	K_{sp}	pK_{sp}	微溶化合物	K_{sp}	pK_{sp}
Ag_3AsO_4	1×10^{-22}	22.0	$Cr(OH)_3$	6×10^{-31}	30.2
$AgBrO_3$	5.38×10^{-5}	4.27	$CuBr$	5.2×10^{-9}	8.28
$AgIO_3$	3.17×10^{-8}	7.50	$CuCl$	1.2×10^{-6}	5.92
$AgBr$	5.0×10^{-13}	12.30	$CuCN$	3.2×10^{-20}	19.49
Ag_2CO_3	8.1×10^{-12}	11.09	CuI	1.1×10^{-12}	11.96
$AgCl$	1.8×10^{-10}	9.75	$CuOH$	1×10^{-14}	14.0
Ag_2CrO_4	2.0×10^{-12}	11.71	Cu_2S	2×10^{-48}	47.7
$Ag_2Cr_2O_7$	2×10^{-7}	6.69	$Cu(IO_3)_2 \cdot H_2O$	6.94×10^{-8}	7.16
$AgCN$	1.2×10^{-16}	15.92	CuC_2O_4	4.43×10^{-10}	9.35
$AgOH$	2.0×10^{-8}	7.71	$CuSCN$	4.8×10^{-15}	14.32
AgI	9.3×10^{-17}	16.03	$Cu_2[Fe(CN)_6]$	1.3×10^{-16}	15.88
$Ag_2C_2O_4$	3.5×10^{-11}	10.46	$CuCO_3$	1.4×10^{-10}	9.86
Ag_3PO_4	1.4×10^{-16}	15.84	$Ni_3(PO_4)_2$	5×10^{-31}	30.3
Ag_2SO_4	1.4×10^{-5}	4.84	$\alpha\text{-NiS}$	3×10^{-19}	18.5
Ag_2S	2×10^{-49}	48.7	$\beta\text{-NiS}$	1×10^{-24}	24.0
$AgSCN$	1.0×10^{-12}	12.00	$\gamma\text{-NiS}$	2×10^{-26}	25.7
$CaC_2O_4 \cdot H_2O$	2.0×10^{-9}	8.70	$PbClF$	2.4×10^{-9}	8.62
$Ca_3(PO_4)_2$	2.0×10^{-29}	28.70	$PbCrO_4$	2.8×10^{-13}	12.55
$Ca(IO_3)_2$	6.47×10^{-6}	5.19	$PbCO_3$	7.4×10^{-14}	13.13
$CaSO_4$	9.1×10^{-6}	5.04	$Pb(IO_3)_2$	3.69×10^{-13}	12.43
$CaWO_4$	8.7×10^{-9}	8.06	PbC_2O_4	8.51×10^{-10}	9.07
$CdCO_3$	5.2×10^{-12}	11.28	$PbCl_2$	1.17×10^{-5}	4.93
$Cd_2[Fe(CN)_6]$	3.2×10^{-17}	16.49	PbF_2	2.7×10^{-8}	7.57
$Cd(OH)_2$(新析出)	2.5×10^{-14}	13.60	$Pb(OH)_2$	1.2×10^{-15}	14.93
$CdC_2O_4 \cdot 3H_2O$	9.1×10^{-8}	7.04	PbI_2	7.1×10^{-9}	8.15
CdS	7.1×10^{-28}	27.15	$PbMoO_4$	1×10^{-13}	13.0
$CoCO_3$	1.4×10^{-13}	12.84	$Pb_3(PO_4)_2$	8.0×10^{-43}	42.10
$Co_2[Fe(CN)_6]$	1.8×10^{-15}	14.74	$PbSO_4$	1.6×10^{-8}	7.79
$Co(OH)_2$(新析出)	2×10^{-15}	14.7	PbS	8×10^{-28}	27.1
$Co(OH)_3$	2×10^{-44}	43.7	$Pb(OH)_4$	3×10^{-66}	65.5
$Co[Hg(SCN)_4]$	1.5×10^{-6}	5.82	$Sb(OH)_3$	4×10^{-42}	41.4
$\alpha\text{-CoS}$	4×10^{-21}	20.4	$Al(OH)_3$(无定形)	1.3×10^{-33}	32.9
$\beta\text{-CoS}$	2×10^{-25}	24.7	As_2S_3	2.1×10^{-22}	21.68
$Co_3(PO_4)_2$	2×10^{-35}	34.7	$BaCO_3$	5.1×10^{-9}	8.29

微溶化合物		K_{sp}	pK_{sp}	微溶化合物	K_{sp}	pK_{sp}
$BaCrO_4$		1.2×10^{-10}	9.93	Li_2CO_3	8.15×10^{-4}	3.09
BaF_2		1×10^{-6}	6.0	$MgNH_4PO_4$	2×10^{-13}	12.7
$BaC_2O_4 \cdot H_2O$		2.3×10^{-8}	7.64	$MgCO_3$	1.0×10^{-5}	5.00
$Ba(IO_3)_2$		4.01×10^{-9}	8.40	MgF_2	6.4×10^{-9}	8.19
$BaSO_4$		1.1×10^{-10}	9.96	$Mg(OH)_2$	1.8×10^{-11}	10.74
$Bi(OH)_3$		4×10^{-31}	30.4	$MgC_2O_4 \cdot 2H_2O$	4.83×10^{-6}	5.32
$BiOOH$		4×10^{-10}	9.4	$MnCO_3$	1.8×10^{-11}	10.74
BiI_3		8.1×10^{-19}	18.09	$Mn(OH)_2$	1.9×10^{-13}	12.72
$BiOCl$		1.8×10^{-31}	30.75	MnS(无定形)	2×10^{-10}	9.7
$BiPO_4$		1.3×10^{-23}	22.89	MnS(晶形)	2×10^{-13}	12.7
Bi_2S_3		1×10^{-97}	97.0	$NiCO_3$	6.6×10^{-9}	8.18
$CaCO_3$		2.9×10^{-9}	8.54	$Ni(OH)_2$(新析出)	2×10^{-15}	14.7
CaF_2		2.7×10^{-11}	10.57	Sb_2S_3	2×10^{-93}	92.8
FeC_2O_4		2.1×10^{-7}	6.68	$Sn(OH)_2$	1.4×10^{-28}	27.85
$Cu(OH)_2$		2.2×10^{-20}	19.66	SnS	1×10^{-25}	25.0
CuS		6×10^{-36}	35.2	$Sn(OH)_4$	1×10^{-56}	56.0
$FeCO_3$		3.2×10^{-11}	10.50	SnS_2	2×10^{-27}	26.7
$Fe(OH)_2$		8×10^{-16}	15.1	$SrCO_3$	1.1×10^{-10}	9.96
FeS		6×10^{-18}	17.2	$SrCrO_4$	2.2×10^{-5}	4.65
$Fe(OH)_3$		4×10^{-38}	37.4	SrF_2	2.4×10^{-9}	8.61
$FePO_4$		1.3×10^{-22}	21.89	$SrC_2O_4 \cdot H_2O$	1.6×10^{-7}	6.80
Hg_2Br_2		5.8×10^{-23}	22.24	$Sr_3(PO_4)_2$	4.1×10^{-28}	27.39
Hg_2CO_3		8.9×10^{-17}	16.05	$SrSO_4$	3.2×10^{-7}	6.49
Hg_2Cl_2		1.3×10^{-18}	17.88	$Ti(OH)_3$	1×10^{-40}	40.0
$Hg_2(OH)_2$		2×10^{-24}	23.7	$TiO(OH)_2$	1×10^{-29}	29.0
Hg_2I_2		4.5×10^{-29}	28.35	$ZnCO_3$	1.4×10^{-11}	10.84
Hg_2SO_4		7.4×10^{-7}	6.13	$Zn_2[Fe(CN)_6]$	4.1×10^{-16}	15.39
Hg_2S		1×10^{-47}	47.0	$Zn(OH)_2$	1.2×10^{-17}	16.92
$Hg(OH)_2$		3.0×10^{-26}	25.52	$Zn_3(PO_4)_2$	9.1×10^{-33}	32.04
HgS	红色	4×10^{-53}	52.4	$ZnC_2O_4 \cdot 2H_2O$	1.38×10^{-9}	8.86
	黑色	2×10^{-52}	51.7	ZnS	1.2×10^{-22}	22.92

附录 8 金属配合物累积生成常数

离子强度 0，温度 $293\sim298K$

物质	$\lg\beta_1$	$\lg\beta_2$	$\lg\beta_3$	$\lg\beta_4$	$\lg\beta_5$	$\lg\beta_6$
1. NH_3						
Cd(Ⅱ)	2.65	4.75	6.19	7.12	6.80	5.14
Co(Ⅱ)	2.11	3.74	4.79	5.55	5.73	5.11
Co(Ⅲ)	6.7	14.0	20.1	25.7	30.8	35.2
Cu(Ⅰ)	5.93	10.86				
Cu(Ⅱ)	4.15	7.63	10.53	12.67		
Fe(Ⅱ)	1.4	2.2				
Mn(Ⅱ)	0.8	1.3				
Hg(Ⅱ)	8.8	17.5	18.5	19.28		
Ni(Ⅱ)	2.80	5.04	6.77	7.96	8.71	8.74
Pt(Ⅱ)						35.3
Ag(Ⅰ)	3.24	7.05				
Zn(Ⅱ)	2.37	4.81	7.31	9.46		
2. F^-						
Al(Ⅲ)	6.13	11.15	15.00	17.75	19.37	19.84
Fe(Ⅲ)	5.28	9.30	12.06	—	15.77	—
3. OH^-						
Al(Ⅲ)	9.27			33.03		
Sb(Ⅲ)		24.3	35.7	38.3		
Cr(Ⅲ)	10.2	18.3		29.9		
Cu(Ⅱ)	7.0	13.68	17.00	18.5		
Pb(Ⅱ)	7.82	10.85	14.58			
Zn(Ⅱ)	4.40	11.1	14.2	15.5		61.0
4. Cl^-						
Sb(Ⅲ)	2.26	3.49	4.18	4.72	4.11	
Bi(Ⅲ)	2.44	4.7	5.0	5.6		
Cu(Ⅰ)		5.5	5.7			
Fe(Ⅱ)	1.17					
Fe(Ⅲ)	1.48	2.13	1.99	0.01		
Pb	1.62	2.44	1.70	1.60		
Hg(Ⅱ)	6.74	13.22	14.07	15.07		
Pt(Ⅱ)		11.5	14.5	16.0		
Ag(Ⅰ)	3.48	5.23	5.70	5.30		
Sn(Ⅱ)	1.51	2.24	2.03	1.48		

物质	$\lg\beta_1$	$\lg\beta_2$	$\lg\beta_3$	$\lg\beta_4$	$\lg\beta_5$	$\lg\beta_6$
Zn(Ⅱ)	0.43	0.61	0.53	0.20		
5. CN^-						
Cd(Ⅱ)	5.48	10.60	15.23	18.78		
Cu(Ⅰ)		24.0	28.59	30.30		
Au(Ⅰ)		38.3				
Fe(Ⅱ)						35
Fe(Ⅲ)						42
Hg(Ⅱ)	18.0	34.7	38.5	41.4		
Ni(Ⅱ)				31.3		
Ag(Ⅰ)		21.1	21.7	20.6		
Zn(Ⅱ)				16.7		
6. SO_3^{2-}						
Cu(Ⅰ)	7.5	8.5	9.2			
Hg(Ⅱ)		22.66				
Ag(Ⅰ)	8.82	7.35				
7. SCN^-						
Bi(Ⅲ)	1.15	2.26	3.41	4.23		
Cd(Ⅱ)	1.39	1.98	2.58	3.6		
Co(Ⅱ)	−0.04	−0.70	0	3.00		
Cu(Ⅰ)	12.11	5.18				
Au(Ⅰ)		23		42		
Fe(Ⅲ)	2.95	3.36				
Hg(Ⅱ)		17.47		21.23		
8. $S_2O_3^{2-}$						
Cd(Ⅱ)	3.92	6.44				
Cu(Ⅰ)	10.27	12.22	13.84			
Pb(Ⅱ)		5.13	6.35			
Hg(Ⅱ)		29.86	32.26	33.61		
Ag(Ⅰ)	8.82	13.46	14.15			
9. I^-						
Bi(Ⅲ)	3.63			14.93	16.80	18.80
Cd(Ⅱ)	2.10	3.43	4.49	5.41		
Cu(Ⅰ)		8.85				
I_2	2.89	5.79				
Pb(Ⅱ)	2.00	3.15	3.92	4.47		
Hg(Ⅰ)	12.87	23.82	27.60	29.83		
Ag(Ⅰ)	6.58	11.74	13.68			

物质	$\lg\beta_1$	$\lg\beta_2$	$\lg\beta_3$	$\lg\beta_4$	$\lg\beta_5$	$\lg\beta_6$
10. Br^-						
Cd(Ⅱ)	1.75	2.34	3.32	3.70		
Cu(Ⅰ)		5.89				
Au(Ⅰ)		12.45				
Hg(Ⅱ)	9.05	17.32	19.74	21.00		
Pt(Ⅱ)				20.5		
Ag(Ⅰ)	4.38	7.33	8.00	8.73		
11. 乙酸 CH_3COOH						
Ag(Ⅰ)	0.73	0.64				
Hg(Ⅱ)		8.43				
Mg(Ⅱ)	0.8					
Mn(Ⅱ)	9.84	2.06				
Pb(Ⅱ)	2.52	4.0	6.4	8.5		
12. 草酸 $H_2C_2O_4$						
Ag(Ⅰ)	2.41					
Al(Ⅲ)	7.26	13.0	16.3			
Ba(Ⅱ)	2.31					
Ca(Ⅱ)	3.0					
Cd(Ⅱ)	3.52	5.77				
Co(Ⅱ)	4.79	6.7	9.7			
Co(Ⅲ)			～20			
Cu(Ⅱ)	6.16	8.5				
Fe(Ⅱ)	2.9	4.52	5.22			
Fe(Ⅲ)	9.4	16.2	20.2			
Hg(Ⅱ)		6.98				
Mg(Ⅱ)	3.43	4.38				
Mn(Ⅱ)	2.76	4.38				
Ni(Ⅱ)	5.3	7.64	～8.5			
Sr(Ⅱ)	2.54					
Zn(Ⅱ)	4.80	7.60	8.15			
13. 酒石酸 $C_3H_5O_4$						
Ba(Ⅱ)		1.62				
Bi(Ⅲ)			8.30			
Ca(Ⅱ)	2.98	9.01				
Cd(Ⅱ)	2.8					
Co(Ⅱ)	2.1					
Cu(Ⅱ)	3.2	5.11	4.78	6.51		

续表

物质	$\lg\beta_1$	$\lg\beta_2$	$\lg\beta_3$	$\lg\beta_4$	$\lg\beta_5$	$\lg\beta_6$
Fe(Ⅲ)	7.49					
Mg(Ⅱ)		1.36				
Sr(Ⅱ)	1.60					
Zn(Ⅱ)	2.4	8.32				
14. EDTA						
Ag(Ⅰ)	7.32					
Al(Ⅲ)	16.11					
Ba(Ⅱ)	7.78					
Bi(Ⅲ)	22.8					
Ca(Ⅱ)	11.0					
Cd(Ⅱ)	16.4					
Co(Ⅱ)	16.31					
Cr(Ⅲ)	23					
Cu(Ⅰ)	18.7					
Fe(Ⅱ)	14.33					
Fe(Ⅲ)	24.23					
Hg(Ⅱ)	21.80					
Mg(Ⅱ)	8.64					
Mn(Ⅱ)	13.8					
Na(Ⅰ)	1.66					
Ni(Ⅱ)	18.56					
Pb(Ⅱ)	18.3					
Sn(Ⅱ)	22.1					
Sr(Ⅱ)	8.80					
Zn(Ⅱ)	2.4	8.32				

摘录自：Dean J A. Lange's Handbook of Chemistry 14th ed，8.2.2，New York：McGraw Hill. 1992.

附录9　大气环境质量标准

大气环境质量标准分为三级。

一级标准为保护自然生态和人群健康，在长期接触情况下，不发生任何危害影响的空气质量要求。

二级标准为保护人群健康和城市、乡村的动、植物，在长期和短期接触情况下，不发生伤害的空气质量要求。

三级标准为保护人群不发生急、慢性中毒和城市一般动、植物（敏感者除外）正常生长的空气质量要求。

空气污染物三级标准浓度限值如下。

污染物名称	浓度限值/mg·m^{-3}			
	取值时间	一级标准	二级标准	三级标准
总悬浮颗粒	日平均①	0.15	0.30	0.50
	任何一次②	0.30	1.00	1.50
飘尘	日平均	0.05	0.15	0.25
	任何一次	0.15	0.50	0.70
二氧化硫	年平均③	0.02	0.06	0.10
	日平均	0.05	0.15	0.25
	任何一次	0.15	0.50	0.70
氮氧化合物	日平均	0.05	0.10	0.15
	任何一次	0.10	0.15	0.30
一氧化碳	日平均	4.00	4.00	6.00
	任何一次	10.00	10.00	20.00
光化学氧化剂(O₃)	1小时平均	0.12	0.16	0.20

① "日平均"为任何一日的平均浓度不许超过的限值。

② "任何一次"为任何一次采样测定不许超过的浓度限值。不同污染物"任何一次"采样时间见有关规定。

③ "年平均"为任何一年的日平均浓度均值不许超过的限值。

附录10　土壤环境质量标准

土壤环境质量分类根据土壤应用功能和保护目标，划分为三类：

Ⅰ类主要适用于国家规定的自然保护区（原有背景重金属含量高的除外）、集中式生活饮用水源地、茶园、牧场和其他保护地区的土壤，土壤质量基本上保持自然背景水平。

Ⅱ类主要适用于一般农田、蔬菜地、茶园、果园、牧场等土壤，土壤质量基本上对植物和环境不造成危害和污染。

Ⅲ类主要适用于林地土壤及污染物容量较大的高背景值土壤和矿产附近等地的农田土壤（蔬菜地除外）。土壤质量基本上对植物和环境不造成危害和污染。

标准分级

一级标准　为保护区域自然生态，维持自然背景的土壤环境质量的限制值。

二级标准　为保障农业生产，维护人体健康的土壤限制值。

三级标准　为保障农林业生产和植物正常生长的土壤临界值。

级别	一级	二级			三级
土壤pH值 项目	自然背景	＜6.5	6.5～7.5	＞7.5	＞6.5
镉　　　≤	0.20	0.30	0.30	0.60	1.0
汞　　　≤	0.15	0.30	0.50	1.0	1.5
砷　水田　≤	15	30	25	20	30
旱地　≤	15	40	30	25	40

续表

级别		一级	二级			三级
土壤 pH 值		自然背景	<6.5	6.5~7.5	>7.5	>6.5
项目						
铜 农田等	≤	35	50	100	100	400
果园	≤	—	150	200	200	400
铅	≤	35	250	300	250	500
铬 水田	≤	90	250	300	250	400
旱地	≤	90	150	200	250	300
锌	≤	100	200	250	300	500
镍	≤	40	40	50	60	200
六六六	≤	0.05	0.50			1.0
滴滴涕	≤	0.05	0.50			1.0

注：1. 重金属铬(主要是三价)和砷均按元素量计,适用于阳离子交换量>5cmol(＋)·kg^{-1}的土壤,若≤5cmol(＋)·kg^{-1},其标准值为表内数值的半数。

2. 六六六为四种异构体总量,滴滴涕为四种衍生物总量。

3. 水旱轮作地的土壤环境质量标准,砷采用水田值,铬采用旱地值。

土壤环境质量标准选配分析方法

序号	项目	测定方法	检测范围/mg·kg^{-1}	注 释	分析方法来源
1	镉	土样经盐酸—硝酸—高氯酸(或盐酸—硝酸—氢氟酸—高氯酸)消解后, (1)萃取-火焰原子吸收法测定 (2)石墨炉原子吸收分光光度法测定	0.25 以上 0.005 以上	土壤总镉	①、②
2	汞	土样经硝酸—硫酸—五氧化二钒或硫、硝酸—高锰酸钾消解后,冷原子吸收法测定	0.004 以上	土壤总汞	①、②
3	砷	(1)土样经硫酸—硝酸—高氯酸消解后,二乙基二硫代氨基甲酸银分光光度法测定 (2)土样经硝酸—盐酸—高氯酸消解后,硼氢化钾-硝酸银分光光度法测定	0.5 0.1 以上	土壤总砷	①、② ②
4	铜	土样经盐酸—硝酸—高氯酸(或盐酸—硝酸—氢氟酸—高氯酸)消解后,火焰原子吸收分光光度法测定	1.0 以上	土壤总铜	①、②
5	铅	土样经盐酸—硝酸—氢氟酸—高氯酸消解后 (1)萃取-火焰原子吸收法测定 (2)石墨炉原子吸收分光光度法测定	0.4 以上 0.06 以上	土壤总铅	②
6	铬	土样经硫酸—硝酸—氢氟酸消解后, (1)高锰酸钾氧化,二苯碳酰二肼光度法测定 (2)加氯化铵液,火焰原子吸收分光光度法测定	1.0 以上 2.5 以上	土壤总铬	①

续表

序号	项　　目	测定方法	检测范围/mg·kg^{-1}	注　　释	分析方法来源
7	锌	土样经盐酸—硝酸—高氯酸(或盐酸—硝酸—氢氟酸—高氯酸)消解后,火焰原子吸收分光光度法测定	0.5 以上	土壤总锌	①、②
8	镍	土样经盐酸—硝酸—高氯酸(或盐酸—硝酸—氢氟酸—高氯酸)消解后,火焰原子吸收分光光度法测定	2.5 以上	土壤总镍	②
9	六六六和滴滴涕	丙酮-石油醚提取,浓硫酸净化,用带电子捕获检测器的气相色谱仪测定	0.005 以上		GB/T 14550—93
10	pH	玻璃电极法(土∶水=1.0∶2.5)	—		②
11	阳离子交换量	乙酸铵法等	—		③

注:分析方法除土壤六六六和滴滴涕有国标外,其他项目待国家方法标准发布后执行,现暂采用下列方法:
① 《环境监测分析方法》,1983,城乡建设环境保护部环境保护局;
② 《土壤元素的近代分析方法》,1992,中国环境监测总站编,中国环境科学出版社;
③ 《土壤理化分析》,1978,中国科学院南京土壤研究所编,上海科技出版社。

附录11　不同温度下无机化合物和有机酸的金属盐在水中的溶解度

物　　质	分子式	溶解度/g·100g 水$^{-1}$								
		0℃	10℃	20℃	30℃	40℃	60℃	80℃	90℃	100℃
氯化铝	AlCl$_3$	43.9	44.9	45.8	46.6	47.3	48.1	48.6		49.0
硝酸铝	Al(NO$_3$)$_3$	60.0	56.7	73.9	81.8	88.7	106	132	153	160
硫酸铝	Al$_2$(SO$_4$)$_3$	31.2	33.5	36.4	40.4	45.8	59.2	73.0	80.8	89.0
氯化铵	NH$_4$Cl	29.4	33.2	37.2	41.4	45.8	55.3	65.6	71.2	77.3
磷酸二氢铵	NH$_4$H$_2$PO$_4$	22.7	29.5	37.4	46.4	56.7	82.5	118		173
碳酸氢铵	NH$_4$HCO$_3$	11.9	16.1	21.7	28.4	36.6	59.2	109	170	354
磷酸氢铵	(NH$_4$)$_2$HPO$_4$	42.9	62.9	68.9	75.1	81.8	97.2			
硫酸亚铁铵	(NH$_4$)$_2$Fe(SO$_4$)$_2$	12.5	17.2	26.4	33	46				
硝酸铵	NH$_4$NO$_3$	118	150	192	242	297	421	580	740	871
草酸铵	(NH$_4$)$_2$C$_2$O$_4$	2.2	3.21	4.45	6.09	8.18	14.0	22.4	27.9	34.7
硫酸铵	(NH$_4$)$_2$SO$_4$	70.6	73.0	75.4	78.0	81	88	95		10.3
亚硫酸铵	(NH$_4$)$_2$SO$_3$	47.9	54.0	60.8	68.8	78.4	104	114	150	153
硫氰酸铵	NH$_4$SCN	120	144	170	208	234	346			
三氯化锑	SbCl$_3$	602		910	1087	1368	72℃ 完全混溶			
五氧化二砷	As$_2$O$_5$	59.5	62.1	65.8	69.8	71.2	73.0	75.1		75.7

续表

物 质	分子式	溶解度/g·100g 水⁻¹								
		0℃	10℃	20℃	30℃	40℃	60℃	80℃	90℃	100℃
三氧化二砷	As_2O_3	1.20	1.49	1.82	2.31	2.93	4.31	6.11		8.2
二水合氯化钡	$BaCl_2 \cdot 2H_2O$	31.2	33.5	35.8	38.1	40.8	46.2	52.5	55.8	59.4
氢氧化钡	$Ba(OH)_2$	1.67	2.48	3.89	5.59	8.22	20.94	101.4		
碘酸钡	$Ba(IO_3)_2$			0.035	0.046	0.057				
硝酸钡	$Ba(NO_3)_2$	4.95	6.67	9.02	11.48	14.1	20.4	27.2		34.4
硼酸	H_3BO_3	2.67	3.73	5.04	6.72	8.72	14.81	23.62	30.38	40.25
硝酸镉	$Cd(NO_3)_2$	122	136	150	167	194	310	713		
硫酸镉	$CdSO_4$	75.4	76.0	76.6		78.5	81.8	66.7	63.1	60.3
氢氧化钙	$Cd(OH)_2$	0.189	0.182	0.173	0.160	0.141	0.121		0.085	0.076
四水合硝酸钙	$Ca(NO_3)_2 \cdot 4H_2O$	102	115	129	152	191		358		363
$\frac{1}{2}$水合硫酸钙	$CaSO_4 \cdot \frac{1}{2}H_2O$			0.32	25℃	35℃	45℃	65℃	75℃	
					0.29	0.26	0.21	0.145	0.12	0.071
二水合硫酸钙	$CaSO_4 \cdot 2H_2O$	0.223	0.244	18℃ 0.255	0.264	0.265	65℃ 0.244	75℃ 0.234		0.205
六水合硫酸镍	$NiSO_4 \cdot 6H_2O$（淡蓝）			40.1	43.6	47.6				
	（绿）			44.4	46.6	49.2	55.6	64.5	70.1	76.7
七水合硫酸镍	$NiSO_4 \cdot 7H_2O$	26.2	32.4	37.7	43.4	50.4				
草酸	$H_2C_2O_4$	3.54	6.08	9.52	14.23	21.52	44.32	84.5	120	
硫酸铝钾	$KAl(SO_4)_2$	3.00	3.99	5.90	8.39	11.7	24.8	71.0	109	
溴酸钾	$KBrO_3$	3.09	4.72	6.91	9.64	13.1	22.7	34.1		49.9
溴化钾	KBr	53.6	59.5	65.3	70.7	75.4	85.5	94.9	99.2	104
碳酸钾	K_2CO_3	105	108	111	114	117	127	140	148	156
氯酸钾	$KClO_3$	3.3	5.2	7.3	10.1	13.9	23.8	37.6	46.0	56.3
氯化钾	KCl	28.0	31.2	34.2	37.2	40.1	45.8	51.3	53.9	56.3
铬酸钾	K_2CrO_4	56.3	60.0	63.7	66.7	67.8	70.1		74.5	
重铬酸钾	$K_2Cr_2O_7$	4.7	7.0	12.3	18.1	26.3	45.6	73.0		
铁氰化钾	$K_3Fe(CN)_6$	30.2	38	46	53	59.3	70			91
亚铁氰化钾	$K_4Fe(CN)_6$	14.3	21.1	28.2	35.1	41.4	54.8	66.9	71.5	74.2
碘酸钾	KIO_3	4.60	6.27	8.08	10.3	12.6	18.3	24.8		32.3
碘化钾	KI	128	136	144	153	162	176	192	198	206
草酸钾	$K_2C_2O_4$	25.5	31.9	36.4	39.9	43.8	53.2	63.6	69.2	75.3
高锰酸钾	$KMnO_4$	2.83	4.31	6.34	9.03	12.6	22.1			
过二硫酸钾	$K_2S_2O_8$	1.65	2.67	4.70	7.75	11.0				
硫酸钾	K_2SO_4	7.4	9.3	11.1	13.0	14.8	18.2	21.4	22.9	24.1
硫氰酸钾	$KSCN$	177	198	224	255	289	372	492	571	675
硝酸银	$AgNO_3$	122	167	216	265	311	440	585	652	733
硫酸银	Ag_2SO_4	0.57	0.70	0.80	0.89	0.98	1.15	1.36	1.36	1.41
乙酸钠	CH_3COONa	36.2	40.8	46.4	54.6	65.6	139	153	161	170
四硼酸钠	$Na_2B_4O_7$	1.11	1.60	2.56	3.86	6.67	19.0	31.4	41.0	52.5
溴化钠	$NaBr$	80.2	85.2	90.8	98.4	107	118	120	121	121
碳酸钠	Na_2CO_3	7.00	12.5	21.5	39.7	49.0	46.0	43.9	43.9	
氯酸钠	$NaClO_3$	79.6	87.6	95.9	105	115	137	167	184	204
氯化钠	$NaCl$	35.7	35.8	35.9	36.1	36.4	37.1	38.0	38.5	39.2
硝酸铵铈（Ⅲ）	$Ce(NH_4)_2(NO_3)_5$		242	276	318	376	681			

续表

物　质	分子式	溶解度/g·100g 水$^{-1}$								
		0℃	10℃	20℃	30℃	40℃	60℃	80℃	90℃	100℃
硝酸铵铈（Ⅳ）	Ce(NH$_4$)$_2$(NO$_3$)$_6$			135	150	169	213			
硫酸铵铈（Ⅱ）	Ce(NH$_4$)$_2$(SO$_4$)$_2$			5.53	4.49	3.48	2.02	1.33		
硝酸铬（Ⅱ）	Cr(NO$_3$)$_3$	5℃	15℃	25℃	35℃					
		108	124	130	152					
氯化钴	CoCl$_2$	43.5	47.7	52.9	59.7	69.5	93.8	97.6	101	106
硝酸钴	Co(NO$_3$)$_2$	84.0	89.6	97.4	111	125	174	204	300	
硫酸钴	CoSO$_4$	25.5	30.5	36.1	42.0	48.8	55.0	53.8	45.3	38.9
七水合硫酸钴	CoSO$_4$·7H$_2$O	44.8	56.3	55.4	73.0	88.1	101			
氯化铜	CuCl$_2$	68.6	70.9	73.0	77.3	87.6	96.5	104	108	120
硝酸铜	Cu(NO$_3$)$_2$	83.5	100	125	156	163	182	208	222	247
五水合硫酸铜	CuSO$_4$·5H$_2$O	23.1	27.5	32.0	37.8	44.6	61.8	83.8		114
氯化氢	HCl	82.3	77.2	72.1	67.3	63.3	56.1			
碘	I$_2$	0.014	0.020	0.029	0.039	0.052	0.100	0.225	0.315	0.445
六水合三氯化铁	FeCl$_3$·6H$_2$O	74.4		91.8	106.8					
六水合硝酸亚铁（Ⅱ）	Fe(NO$_2$)$_2$·6H$_2$O	113	134				266			
七水合硫酸亚铁	FeSO$_4$·7H$_2$O	28.8	40.0	48.0	60.0	73.3	100.7	79.9	68.3	57.3
乙酸铅	Pb(C$_2$H$_3$O$_2$)$_2$	19.8	29.5	44.3	69.8	116				
硝酸铅	Pb(NO$_3$)$_2$	37.5	46.2	54.3	63.4	72.1	91.6	111		133
氯化锂	LiCl	69.2	74.5	83.5	86.2	89.8	98.4	112	121	128
氢氧化锂	LiOH	11.91	12.11	12.35	12.70	13.22	14.63	16.56		19.12
硝酸锂	LiNO$_3$	53.4	60.8	70.1	138	152	175			
氯化镁	MgCl$_2$	52.9	53.6	54.6	55.8	57.5	61.0	66.1	69.5	73.3
硝酸镁	Mg(NO$_3$)$_2$	62.1	66.0	69.5	73.6	78.9	78.9	91.6	106	
硫酸镁	MgSO$_4$	22.0	28.2	33.7	38.9	44.5	54.6	55.8	52.9	50.4
硝酸锰	Mn(NO$_3$)$_2$	102	118	139	206					
硫酸锰	MnSO$_4$	52.9	59.7	62.9	62.9	60.0	53.6	45.6	40.9	35.3
氯化镍	NiCl$_2$	53.4	56.3	60.8	70.6	73.2	81.2	86.6		87.6
硝酸镍	Ni(NO$_3$)$_2$	79.2		94.2	105	119	158	187	188	
铬酸钠	Na$_2$CrO$_4$	31.7	50.1	84.0	88.0	96.0	115	125		126
重铬酸钠	Na$_2$Cr$_2$O$_7$	163	172	183	198	215	269	376	405	415
磷酸二氢钠	NaH$_2$PO$_4$	56.5	69.8	86.9	107	133	172	211	234	
氟化钠	NaF	3.66		4.06	4.22	4.40	4.68	4.89		5.08
甲酸钠	NaCHO$_2$	43.9	62.5	81.2	102	108	122	138	147	160
碳酸氢钠	NaHCO$_3$	7.0	8.1	9.6	11.1	12.7	16.0			
磷酸氢二钠	Na$_2$HPO$_4$	1.58	3.53	7.83	22.0	55.3	82.8	92.3	102	
氢氧化钠	NaOH		98	109	119	129	174			
次氯酸钠	NaClO	29.4	36.4	53.4	100	110				
碘酸钠	NaIO$_3$	2.48	4.59	8.08	10.7	13.3	19.8	26.6	29.5	33.0
硝酸钠	NaNO$_3$	73.0	80.8	87.6	94.9	102	122	148		180
亚硝酸钠	NaNO$_2$	71.2	75.1	80.8	87.6	94.9	111	133		160
磷酸钠	Na$_3$PO$_4$	4.5	8.2	12.1	16.3	20.2	29.9	60.0	68.1	77.0
硫酸钠	Na$_2$SO$_4$	4.9	9.1	19.5	40.8	48.8	45.3	43.7	42.7	42.5
硫化钠	Na$_2$S	9.6	12.1	15.7	20.5	26.6	39.1	55.0	65.3	

续表

物　质	分子式	溶解度/g·100g 水$^{-1}$								
		0℃	10℃	20℃	30℃	40℃	60℃	80℃	90℃	100℃
亚硫酸钠	Na_2SO_3	14.4	19.5	26.3	35.5	37.2	32.6	29.4	27.9	
五水合硫代硫酸钠	$Na_2S_2O_3 \cdot 5H_2O$	50.2	59.7	70.1	83.2	104				
钨酸钠	Na_2WO_4	71.5		73.0		77.0		90.8		97.2
氯化锶	$SrCl_2$	43.5	47.7	52.9	58.7	65.3	81.8	90.5		101
氢氧化锶	$Sr(OH)_2$	0.91	1.25	1.77	2.64	3.95	8.42	20.2	44.5	91.2
硝酸锶	$Sr(NO_3)_2$	39.5	52.9	69.5	88.7	89.4	93.4	96.9	98.4	
氟化锌	ZnF_2	342	363	395	437	452	488	541		614
硝酸锌	$Zn(NO_3)_2$	98		138	211					
硫酸锌(正交)	$ZnSO_4$	41.6	47.2	53.8	61.3	70.5	75.4	71.1		60.5
硫酸锌(单斜)			54.4	60.0	65.5					

表中数据项目引自 Dean J A. Lange's Handbook of Chemstry. 14th ed. 5.1. New York：McCraw Hill. 1992.

附录 12　常用的物理和化学参考资料简介

化学文献是化学领域中科学研究、生产实践等的记录和总结，在学习和研究工作中经常需要了解各种物质的物理和化学性质、制备或提纯方法及原理；或需要了解某个研究课题的历史、目前国内外水平和发展动向等，都需要查阅参考资料。为此，学会如何从已出版的各种期刊论文、科技报告、会议资料、专利说明书、技术标准、百科全书、大全、手册、专题述评、文献指南、教材等各种各样的图书资料中找出所需的资料尤为重要，这些丰富的资料能为我们提供大量的信息，以充实我们的头脑，开拓我们的视野。学会查阅化学文献，对提高分析问题和解决问题的能力，提高综合能力和创新能力是十分重要的。

以下对常用的有关化学文献和手册简介如下：

一、工具书

1.《化学文献及查阅方法》，余向春，黄海，北京：科学出版社，2004

此书是一本化学文献手工检索和计算机检索双用的指南和教材。它系统和全面地介绍了各类化学文献检索工具书及其手检和机检的方法、计算机检索的各种渠道、网上检索和阅览技能以及相关网站。

书中对美国《化学文摘》的介绍尤为详细。从文摘编排类目、子目、著录、十一种索引到现代化光盘检索和 DIALOG 检索，从化合物命名法及索引词选择到检索和阅览过程中常见问题解答等，都做了详尽介绍，它约占此书篇幅的 1/5，是重中之重。

书中不少章节编有检索实例和原书或网上的直观样例。读者在学习时有较强的直观感。

此书可作为高等院校化学、化工、材料、石化、生化、医学、药学、能源、轻工、冶金、地质、农业等各专业本科生、研究生的教材或教学参考书。它也是从事化学化工等专业的科技工作者、研究人员及教师必备的工具书。

2.《科学技术百科全书》，科学出版社，1981

译自《McGraw－Hill Encyclopedia of Science and Technology》1977 年第 4 版，共 15 卷。其中第七卷为无机化学，第八卷为有机化学，第九卷为物理化学、分析化学。介绍了各专业有关论题的定义、基本概念、基本原理、发展动向、新近成果和实际应用等。

3.《化学化工大辞典（上下）》，化学化工大辞典编委会，化学工业出版社，2003

"十五"国家重点图书——《化学化工大辞典》出版释义性大型专业辞典。根据科学技术的发展，以及化学化工及其相关专业近年来所取得的新进展，依据学科分类的科学性及具体组织编写工作的可操作性，分设了24个分编委会。它们是无机化学（含宇宙化学、地球化学），有机化学，物理化学，分析化学（含分析仪器），高分子科学，放射化学与核化工，环境科学与工程、安全，电化学与电化工，生物化学与生物技术，无机化工与化学矿，石油化工与煤化工，农业化学与化肥，农药，染料，涂料及涂装，精细化工，高分子工程与材料，橡胶，化学工程与经济管理，化工机械与防腐蚀，化工自动化与计算机应用，轻化工，医药，常用金属及非金属材料。

《化学化工大辞典》是一部大型、综合性专业辞书，是我国目前收词量最多、专业覆盖面最广、释义较为详细的化学化工专业辞典，共收录50000余词条。《化学化工大辞典》在总体框架、收词原则与范围、词目释义、编排体例和检索系统等方面力求做到科学、准确、实用、新颖、简明和方便查阅。

在收词方面兼顾专业覆盖面宽和专业词汇全。主要收录化学和化工中基本知识、原理和技术方面的词目，包括定义、概念、现象、术语、物质、方法、过程、机械设备、仪表和自动化等方面。主要收集化学、化工及相关专业的基础词、派生词和近期出现的新词目。能在普通词典中查到的非专业性基础词（如面积、时间、力等），时间性、地方性或区域性很强的词目，昙花一现的不稳定词目，人名、地名及公司名一般均未予收录。

本辞典中的化学物质名称，均采用通用名称，学名采用中国化学会1980年颁布《化学命名原则》；本辞典中的专业名词、术语尽可能采用全国科学技术名词审定委员会颁布的标准名词，有些执行有关专业的名词术语国家标准、部颁标准的有关规定。对个别既无标准，又无统一规定的名词术语，则根据约定俗成原则采用本行业的习惯叫法。

4.《Handbook of Chemistry and Physics》

这是一本世界上最著名的英文版的化学与物理手册，初版于1913年，每隔一两年再版一次。该书分数学用表、元素、无机化合物、有机化合物、普通化学、普通物理常数六个方面。查阅时，若知道化合物的英文名称，便可很快查出化合物的分子式及其物理常数。如不知化合物的英文名称，可查该部分分子式索引（Formula Index）。

5.《英汉精细化学品辞典》，樊能廷等，北京理工大学出版社，1994

此书是一本综合性英汉精细化学品辞典，全书约357万字。搜集的化学品包括至20世纪90年代初已商品化的无机化学产品、有机化学产品、生物化学产品、矿产化学品和天然化合物等，共有精细化工产品18000余种。每种产品列有英文名称、化学文摘登录号、中文名称、别名、结构式、分子式、分子量、理化性质、功能与用途、制造方法、参考文献等项内容。书末附有分子式索引，便于读者检索。本书内容丰富、文字规范、资料新颖、实用性强，是一本重要的专业工具书。本书可供从事化工产品贸易、生产、经营、管理者以及从事与化学化工有关行业教学和科研的科技人员使用，也适合大中专学生和研究生使用。

6. Gmelin's Handbuch der anorganischen Chemie《Gmelin 无机化学手册》

世界上最有威望和最完整的无机化合物手册。该手册创始于1817~1819年，第1版共有3卷，原名为《理论化学手册》（handbuch der theoretischen chemie）。1924年后由德国化学会主编，1927年出到第7版，德国化学会于1946年成立了Gmelin研究院，负责编纂第8版、第8版的补编及新补编。第8版所包括的文献是18世纪中期到1963年的。到1973年底共出版了225册。第8版的补编仍在陆续出版中。

此外，从 1971 年开始，该手册同时出版新补编，并不断增加英文版本，或部分采用英文的版本。新补编不再用系统号，而单独按出版先后确定卷号。由于采用新补编的卷号出版，并配备索引，因此以后不会再出第 9 版了。

该手册对每种无机物的摘录内容一般为：化合物的发现、生成和制备；物理性质（包括熔点、密度、晶体结构、光谱线、磁性质等）；化学性质，对空气、水、热、非金属、金属、酸、有机物质等的反应。

该手册的编制方式与一般手册不同，是按每种元素分别编写的。多数元素有固定的系统号，共有 71 个系统号，每一个号算一编。除三种同族元素（稀有气体、稀土元素、铀后元素）外，每种元素和氨均有一系统号。但系统号的确定不是按元素名称顺序，也不是按周期表的顺序。而是根据阴离子型元素的系统号较小、阳离子型元素系统号较大这样一个原则确定的，同时，几种元素的化合物以"最后位置优先的原则"排列。读者一般不太习惯这种排列顺序。所以在查阅前要查知元素系统号和几种元素化合物的系统号。

7.《现代化学试剂手册》，段长强等编，北京：化学工业出版社，1983～1998

介绍化学试剂的组成、结构、理化性质、合成方法、提纯方法、储存等方面的知识。全书现已出版通用试剂、化学分析试剂、生化试剂、无机离子显色剂、金属有机试剂、仪器分析试剂六个分册。与同类书相比，此书的主要特色是：①读者对象以试剂应用者为主，兼顾生产者，适用面十分广泛；②收集品种数量多，数据资料齐全；③每个品种均有合成和提纯方法，对于用户十分必要；④尽量收集别名，便于查阅；⑤各分册都编有中文名称笔画索引、中文名称拼音索引和英文名称索引，最后一册编制总索引，可兼作英汉化学试剂名称词典使用，对于读者检索查阅十分方便。

8.《分析化学手册》，（美）J. A. 迪安，北京：科学出版社，2003

此书是美国 J. A. 迪安教授为帮助分析化学、生物化学、环境化学及化学工程专业人员评价和选择特定情况下最恰当的分析方法而编辑的一本单卷式的实验室指南。全书共分 23 章，除提供必备的基础知识外，重点介绍了 19 个方面的权威性的最新资料：

（1）分析的初级操作和预分离技术；（2）重量和容量分析；（3）色谱法；（4）电子吸收、发光、红外、拉曼和原子光谱法；（5）光学活性和旋光色散；（6）折射法；（7）X 射线法；（8）放射化学方法；（9）核磁共振波谱法；（10）电子顺磁共振；（11）质谱法；（12）电分析和热分析；（13）磁化率；（14）有机元素分析；（15）有机化合物中功能团的检测和定量；（16）气、液、固态水的测定方法；（17）统计学；（18）地质和无机材料；（19）水分析。此书编者独具匠心，内容丰富，资料翔实，数据准确，具有很高的权威性和很强的实用性，由北京大学化学系博士生导师常文保教授组织北京大学等单位相关专家翻译、校订，是高等学校分析化学、生物化学、环境化学、化学工程等专业本科生、研究生、教师及科研院所、生产部门分析工作者必备的工具书。

9. Lange's Handbook of Chemistry（兰氏化学手册），McGraw-Hill Book Company 出版

此书是一部资料齐全、数据翔实、使用方便、供化学及相关科学工作者使用的单卷式化学数据手册，是两代作者花费了半个多世纪的心血搜集、编纂而成的，在国际上享有盛誉，自 1934 年第 1 版问世以来，一直受到各国化学工作者的重视和欢迎。1999 年出第 15 版。由 J. A. Dean 主编，McGraw-Hill Company 出版。第 1 版至第 10 版由 N. A . Lange 主编，第 11 版至第 15 版由 J. A. Dean 主编。

本书为综合性化学手册，包括了综合的数据和换算表，以及化学各学科中物质的光谱

学、热力学性质。中译本（科学出版社，第 2 版，2003 年 5 月）根据原书 1998 年第 15 版译出，共分 11 部分，内容包括有机化合物，通用数据，换算表和数学，无机化合物，原子、自由基和键的性质，物理性质，热力学性质，光谱学，电解质、电动势和化学平衡，物理化学关系，聚合物、橡胶、脂肪、油和蜡及实用实验室资料等。

此书所列数据和命名原则均取自国际纯粹化学与应用化学联合会最新数据和规定。化合物中文名称按中国化学会 1980 年命名原则命名。

此书是从事化学、物理、生物、矿物、医药、石油、化工、材料、工程、能源、地质、环保、专利、管理等方面工作的科技人员、生产人员、大专院校师生和各类图书馆必备的工具书。

二、原始研究论文

原始研究论文是定期发表于专业学术期刊上的最重要的第一手信息来源，一般以全文、研究简报、短文和研究快报形式发表。全文一般刊登重要发现的进展和历史概况、合成新化合物的实验细节和结论。研究简报和研究快报一般刊登一些新颖简要的阶段性结果。下面列出一些主要的期刊。

1. Journal of the American Chemical Society（美国化学会会志），缩写为 J. Am. Chem. Soc.

1879 年创刊，由美国化学会主办。发表所有化学学科领域高水平的研究论文和简报，目前每年刊登化学各方面的研究论文 2000 多篇，是世界上最有影响的综合性化学期刊之一。

2. Angewandte Chemie, International Edition（应用化学国际版）；缩写为 Angew. Chem.

该刊 1888 年创刊（德文），由德国化学会主办。从 1962 年起出版英文国际版，主要刊登覆盖整个化学学科研究领域的高水平研究论文和综述文章，是目前化学学科期刊中影响力最高的期刊之一。

3. Journal of the Chemical Society（英国皇家化学会会志），缩写为 J. Chem. Soc.

1848 年创刊，由英国皇家化学会主办，为综合性化学期刊。1972 年起分 6 辑出版，其中 Perkin Transactions 的 I 和 II 分别刊登有机化学、生物有机化学和物理有机化学方面的全文，IV 为 Dalton Transactions 报道无机化学领域内容。

4.《中国科学》化学专辑

《中国科学》化学专辑由中国科学院主办，1950 年创刊，最初为季刊，1974 年改为双月刊，1979 年改为月刊，有中、英文版。1982 年起中、英文版同时分 A 和 B 两辑出版，化学在 B 辑中刊出。从 1997 年起，《中国科学》分成 6 个专辑，化学专辑主要反映我国化学学科各领域重要的基础理论方面的和创造性的研究成果。目前为 SCI 收录刊物。

5.《化学学报》

《化学学报》由中国化学会主办，1933 年创刊，原名为 Journal of the Chinese Society，1952 年改为现名，编辑部设在中国科学院上海有机所。主要刊登化学学科基础和应用基础研究方面的创造性研究论文的全文、研究简报和研究快报。目前为 SCI 收录刊物。

6.《高等学校化学学报》

《高等学校化学学报》是教育部主办的化学学科综合学术性刊物，1964 年创刊，两年后停刊，1980 年复刊。有机化学方面的论文由南开大学分编辑部负责审理，其他学科的论文由吉林大学负责审理。该刊物主要刊登我国高校化学学科各领域创造性的研究论文、全文、研究简报和研究快报。目前为 SCI 收录刊物。

三、文摘

文摘提供了发表在杂志、期刊、综述、专利和著作中原始论文的简明摘要。虽然文摘是检索化学信息的快速工具，但它们终究是不完全的，有时还容易引起误导，因此，不能将化学文摘的信息作为最终的结论，全面的文献检索一定要参考原始文献。以下主要介绍 Chemical Abstracts（美国化学文摘）。

Chemical Abstracts（美国化学文摘）简称为 CA，是检索原始论文最重要的参考来源。它创刊于 1907 年。每年发表 50 多万条包括了 9000 多种期刊、综述、专利、会议和著作中原始论文的简明摘要，提供了最全面的化学文献摘要。化学文摘每周出版一期，每 6 个月的月末汇集成一卷。1940 年以来，其索引包括了作者、一般主题、化学物质、专利号、环系索引和分子式索引。1956 年以前每 10 年还出版一套 10 年累积索引，目前每 5 年出版一套 5 年累积索引。

要有效地使用 CA，特别是化学物质索引，需要了解化学物质的系统命名法。如今的 CA 命名方法已总结在 1987 年和 1991 年出版的索引指南中，该指南中也介绍了索引规律和目前 CA 的使用步骤。例如在 CA 中对每一个文献中提到的物质都给予一个唯一的登录号，这些登录号已广泛在整个化学文献中使用。描述一种特定化合物的制备和反应的文献可以方便地通过查阅该化合物的登录号来找到原始文献的出处。当然，也可通过分子式索引搞清楚某化合物在 CA 中的命名，然后通过化学物质索引查到该物质中所需要的条目，从而找到关于该物质的文摘。

在 CA 的文摘中一般可以看到以下几个内容：①文题；②作者姓名；③作者单位和通信地址；④原始文献的来源（期刊、杂志、著作、专利和会议等）；⑤文摘内容；⑥文摘摘录人姓名。

目前从一些不同的网站检索 CA 在线是可能的。CAS 在线是一个称为 STN 的网站，它提供访问一些相关文件和数据库服务系统。该 CA 文件内容与 1967 年以来的 CA 印刷版是一致的。其登录文件构成了目前世界上最大的化学结构数据库，储存有总数超过 1500 万条的关于化学物质、聚合物、生物产品和其他物质的记录。

还可以利用光盘来检索 CA，只要键入作者的姓名、关键词、文章题目、登录号、特定物质的分子式或化学结构，就能迅速检索到包含上述项目的文摘。在 CA 的光盘版文摘中，除了包含有文摘的卷号、顺序号和与印刷版相同的内容外，还包括了一些与所查项目相关的文摘。可见，计算机信息检索的逐步应用可使我们能更迅速、更广泛、更全面地了解国际上化学学科的发展状况。

参 考 文 献

[1] 张炜. 大学化学. 北京:化学工业出版社,2008.

[2] 傅献彩. 大学化学. 北京:高等教育出版社,2007.

[3] 王明华. 普通化学. 北京:高等教育出版社,2002.

[4] 华中师范大学,东北师范大学,陕西师范大学,北京师范大学. 分析化学. 第4版. 北京:高等教育出版社,2008.

[5] 天津大学无机化学教研室. 大学化学实验. 天津:天津大学出版社,2003.

[6] 古国榜,李朴,徐立宏. 大学化学实验. 北京:化学工业出版社,2010.

[7] 刘汉标,石建新,邹小勇. 基础化学实验. 北京:科学出版社,2008.

[8] 周井炎. 基础化学实验. 湖北:华中科技大学出版社,2008.

[9] 胡立江. 工科大学化学实验. 哈尔滨:哈尔滨工业大学出版社,1999.

[10] 殷学锋. 新编大学化学实验. 北京:高等教育出版社,2002.

[11] 田玉美. 新大学化学实验. 北京:科学出版社,2008.

[12] 王玲,何娉婷. 大学化学实验. 北京:国防工业出版社,2004.

[13] 北京师范大学无机化学教研室. 无机化学实验. 第3版. 北京:高等教育出版社,2001.

[14] 古凤才,肖衍繁. 基础化学实验教程. 北京:科学出版社,2000.

[15] 李生英,白林,徐飞. 无机化学实验. 北京:化学工业出版社,2007.

[16] 马志领,李志林. 无机及分析化学. 北京:化学工业出版社,2007.

[17] 史德,苏广和,李震. 潜艇舱室空气污染与治理技术. 北京:国防工业出版社,2005.

[18] 杨丁. 金属蚀刻技术. 北京:国防工业出版社,2008.

[19] 张统,方小军,董春宏,侯瑞琴. 军事特种废水治理技术及应用. 北京:国防工业出版社,2008.

[20] Allan Blackman, Steve Bottle, Siebert Schmid, Mauro Mocerino, Uta Wille. Chemistry. John Wiley & Sons, 2007.

[21] Catherine E Housecroft, Alan G Sharpe. Inorganic Chemistry, 4th Edition. Prentice Hall, 2012.